人生法则

33条商业和生活指南

[英]史蒂文·巴特利特 著　　邱墨楠 译

THE DIARY OF A
CEO

THE 33 LAWS OF
BUSINESS AND LIFE

浙江人民出版社

The Diary of a CEO: The 33 Laws of Business & Life by Steven Bartlett

Copyright © Steven Bartlett 2023

First published by Ebury Edge in 2023

Simplified Chinese translation copyright © 2025 by Zhejiang People's Publishing House , Co.,Ltd.

由浙江人民出版社有限公司与企鹅兰登（北京）文化发展有限公司 Penguin Random House (Beijing) Culture Development Co., Ltd. 合作出版

All rights reserved.

浙 江 省 版 权 局
著作权合同登记章
图字：11-2024-297 号

图书在版编目（CIP）数据

人生法则：33条商业和生活指南 /（英）史蒂文·巴特利特著；邱墨楠译. -- 杭州：浙江人民出版社，2025. 5. -- ISBN 978-7-213-11852-4

Ⅰ. B848.4-49

中国国家版本馆CIP数据核字第2024PJ4520号

人生法则：33 条商业和生活指南

RENSHENG FAZE：33 TIAO SHANGYE HE SHENGHUO ZHINAN

［英］史蒂文·巴特利特 著   邱墨楠 译

出版发行：浙江人民出版社（杭州市环城北路 177 号 邮编 310006）
　　　　　市场部电话：(0571) 85061682 85176516
责任编辑：尚　婧　陈世明
策划编辑：陈世明　　　　　　　　营销编辑：陈雯怡
责任校对：汪景芬　　　　　　　　责任印务：幸天骄
电脑制版：北京五书同创文化发展有限公司
印　　刷：杭州丰源印刷有限公司
开　　本：880 毫米 × 1230 毫米 1/32   印　张：13
字　　数：220 千字　　　　　　　　插　页：1
版　　次：2025 年 5 月第 1 版   印　次：2025 年 5 月第 1 次印刷
书　　号：ISBN 978-7-213-11852-4
定　　价：68.00 元

如发现印装质量问题，影响阅读，请与市场部联系调换。

赞　誉

我从一开始就关注史蒂文·巴特利特的成长，我一直知道他身上有一种原始的、热烈的火花。看到他驾驭这样的火花，看到他成功，我满怀纯粹的自豪感。作为旁观者，我会为他加油鼓劲，因为他就是企业家精神的化身。

——加里·维纳查克（Gary Vaynerchuk），
《十二条半》（*Twelve and a Half*）作者

史蒂文·巴特利特克服了看似不可逾越的困难，成为一名超级成功的连续创业者。一路走来，他学到一些宝贵的经验，认识到以不走寻常路的方式来获得力量的重要性，并将自己的经验总结成实用的法则，这些法则将为身处残酷竞争世界的我们带来指导。

——罗伯特·格林（Robert Greene），
畅销书《如何在自己感兴趣的领域出类拔萃》（*Mastery*）作者

通过最新研究、个人经验和引人入胜的故事，史蒂文·巴特利特引导读者重新定义成功并发挥他们的潜力。对任何梦想着去做一些大胆之事的人来说，这是一本必读书。

——杰伊·谢蒂（Jay Shetty），《纽约时报》（*The New York Times*）
畅销书作家，屡获殊荣的播客《有意为之》（*On Purpose*）主持人这本书既令人惊叹，又颇具说服力。史蒂文·巴特利特的建议将大大增加你实现伟大梦想的机会。

——玛丽·弗里奥（Marie Forleo），《纽约时报》畅销书《所有问题都是可以解决的》（*Everything Is Figureoutable*）作者

这本书蕴含着惊人的智慧，将推动你在个人和职业领域取得进步，强烈推荐。

——斯科特·加洛韦（Scott Galloway），纽约大学斯特恩商学院营销学教授，《图表中的美国》（*Adrift*）作者

是时候让我们读一读现代世界中的成功是什么样子的了，它来自一位独一无二的成功人士的视角。史蒂文·巴特利特的这部作品睿智、深刻、真实，令我自愧不如，并且受益良多。

——莫·加多（Mo Gawdat），畅销书作家，"幸福十亿"（OneBillionHappy）创始人

新一代CEO（首席执行官）开始接管世界。那些夸夸其谈，似乎从不犯错的CEO正在被那些谈论自己感受，由好奇心引导，并且愿意自我改进的CEO取代……史蒂文·巴特利特正在引领这场革命！这是所有希望提升自我并带领我们走入下一代的领导者的必读之书。

——西蒙·斯涅克（Simen Sinek），乐观主义者，《纽约时报》畅销书《超级激励者》（*Start with Why*）和《无限的游戏》（*The Infinite Game*）作者

献给所有《CEO 日记》(*The Diary of a CEO*) 播客的听众和观众!

感谢你们让我们实现了未曾有过的伟大梦想!

写给渴望成就自我与改变世界的你

谢谢浙江人民出版社邀请我写这么一个序，虽然当时我不知道为什么找我来写，但我花了一晚上看完了这本书，突然想起我年轻时写过的一句话：每个人的一生中，都面临着无数选择。这些选择塑造了我们的职业、关系和内心世界。

然而，我们在尝试拼凑这些碎片时，往往感到困惑：究竟如何才能在快速变化的现代 AI（人工智能）世界中找到属于自己的位置，并实现真正的成功与幸福？

这本《人生法则：33 条商业和生活指南》，源于史蒂文·巴特利特多年的创业经历和他与全球商业、学术、文化领域顶尖人物的对话。史蒂文的成长轨迹极具启发性：作为一位 30 岁的年轻企业家，他不仅成功创建了多家公司，还通过播客《CEO 日记》与无数精英对话，总结出跨越行业和地域的普适法则。

　　看完书，我回头看了他的简历，突然知道为什么出版社找我来写序了，这和我多像：30多岁做了好几家公司，还做了一个有几百万粉丝的视频号。但我从来没有机会这么总结。谢谢这本书，把我想说的总结了。

　　书中提炼的33条法则，不仅适用于商业，也深刻影响生活。无论你是一位学生、职场新人，还是正在重新规划人生的成年人，这些法则都可以帮助你实现从内而外的成长。更重要的是，它们并非遥不可及的抽象理论，而是基于心理学、科学研究以及真实故事构建的实践指南。

　　我希望，阅读这本书的你，能从中找到属于自己的答案。或许，它能成为你的思考起点，让你重新定义成功，并从心底燃起改变现状的动力。

　　如何从33条法则中找到你的突破口？

　　在开启这段阅读旅程之前，我们需要明确一个重要的前提：**真正的成功不是一时的成就，而是长期的持续成长**。这本书以四大核心支柱为框架，带领读者循序渐进地理解如何通过优化"自我""故事""理念""团队"来实现全面突破。我来帮你做一个简单的导读。

第一部分：自我——打造坚实的内在根基

　　成功的起点往往在于对自我的掌控。本书开篇以几条关键法则解读了如何认清并强化自己的五大实力：知识、技能、关系网、资源和声誉。史蒂文在书中通过生动的故事告诉我们，过早追求名声或财富而忽略内在实力的充实，无异于在沙滩上建高楼。

他用"空桶理论"阐释了一个重要观念：**只有当你的知识与技能足够饱满，其他的外在价值才能得以真正彰显**。这部分内容非常适合那些希望为自己构建稳固职业生涯或寻找长期幸福的人。

第二部分：故事——用讲述打动世界

人类是天生的故事倾听者。无论是生活中的沟通，还是商业上的谈判，能够讲好故事的人往往更容易赢得他人的信任。史蒂文在这部分法则中，结合神经科学的研究，揭示了为什么"共情"和"从不反对"是打破沟通障碍的关键。

一个精彩的故事不仅能传递信息，更能改变人心。通过这些法则，你将学会如何讲述自己的经历，如何将复杂的想法简单化，以及如何通过语言桥梁赢得他人共鸣。

第三部分：理念——塑造成功的思维模式

我们对世界的信念，决定了我们对外界的态度和行动。在第三部分中，史蒂文详细剖析了如何改变内心固有的局限性思维，培养能够适应变化的成长型思维模式。

他提到的"损失厌恶心理"令人印象深刻。许多人止步不前，往往不是因为能力不足，而是害怕失败带来的损失。通过一系列实例和心理学实验，史蒂文教我们如何突破这一心理障碍，勇敢迈向新的可能。

第四部分：团队——汇聚协同的力量

没有人能单打独斗地完成伟大的事业。史蒂文认为，团队的力量是实现"1+1>2"的关键。这部分内容从选人、团队文化建设到领导力成长，给出了非常有操作性的建议。

特别是在现代商业环境中，灵活的领导力显得尤为重要。史蒂文通过案例分析，指出真正优秀的领导者不是一成不变的权威，而是能够根据团队需求和环境变化调整自己的风格，成为支持者、激励者和变革推动者。

好了，我想你能很清晰地看明白这本书的结构了，那么，我来说说这本书的独特之处。这本书好看的点在于每条法则独立成章，既可以逐条阅读，也可以根据你的当前需求跳转到相关章节。以下是一些建议：

1. 如果你正为职业发展感到迷茫，建议从"自我"部分开始，重新思考你的核心能力。

2. 如果你想提升沟通和说服能力，不妨重点阅读"故事"部分。

3. 如果你正在组建或管理团队，"团队"部分会提供许多实用的指导。

无论从哪一章开始，你都会发现这些法则之间彼此关联，构成了一幅完整的成长蓝图。你不用从第一页第一个字开始读，你只需要找自己喜欢的部分。你看，这就是生活本来的样子，一个个点，连成了一本书。

最后，我想跟你说：**成功没有捷径，但有迹可循**。33 条法则并不是教条，而是一个可以不断尝试、调整和优化的成长工具箱。读完这本书并付诸实践，你会发现，改变人生并非遥不可及，而是一个积累与突破的过程。

愿这本书成为你通向更高目标的指路明灯，也愿你能通过每一次阅读找到新的灵感和力量。

李尚龙

畅销书作家

推荐序二
后工业时代的企业家贴士集

《人生法则：33条商业和生活指南》是一本后工业时代的企业家贴士集。

时代正在剧变，优秀的企业家需要学习和践行一系列新的常识，这些常识在传统的管理思维与战略思考之外，需要他们思考全新的修身、做事和面对客户的方式。

三件事值得我们深入思考，也正在打破管理的边界：一是企业家网红破圈；二是理解客户的情绪价值；三是在加速变化的时代、快速迭代的时代，形成全新的失败观。

企业家下场做网红，国内的流量明星代表是雷军和周鸿祎，海外的"网红"商人无疑是埃隆·马斯克（Elon Musk）。但真正意义上的"网红"并不是一味地曝光，追求噱头，或者简单地出圈，而是个性化地传播和进行有深度的表达。

我们在传统意义上理解的网红出圈是让企业家成为企业的

代言人，就好像马斯克在特斯拉和SpaceX（太空探索技术公司）发展的早期根本不做广告，也没有市场推广的预算，全凭马斯克在推特上发言来引爆眼球。换句话说，靠企业家的出位吸引流量。

对于2024年的美国大选，很多人认为是播客帮助特朗普（Trump）赢得胜利。播客，归根结底是一种全新的个性化传播模式。特朗普在大选前最后一周上了乔·罗根（Joe Rogan）的播客，其播放量是CNN（美国有线电视新闻网）的20倍。阿里的蔡崇信上了挪威主权财富基金的CEO尼古拉·坦根（Nicolai Tangen）的播客 In Good Company（这里有谐音梗的意思，字面意思是"良友为伴"，又可以翻译成"进入好公司"，也体现了投资人对话优秀公司CEO的意思），深度分享内容，引发了国内外热议，也体现了传播价值。

《人生法则：33条商业和生活指南》的作者史蒂文·巴特利特是成功的CEO，也是播客《CEO日记》的主理人，算是这一波网红出圈潮流的深度参与者。

新时代给CEO的要求从"知行合一"跃升到了"说行合一"，不只是行动符合认知，还要能很好地对外表述自己的想法，讲述公司的故事，让更多人理解自己、理解公司，从而增加自己的感染力和影响力。

"说行合一"强调在行动中思考：想要学习某事，阅读相关资料；想要理解某事，撰写相关文章；想要精通某事，教会别人。

在"人人皆媒"的时代，"说行合一"不仅要迈出出圈"蹭流量"的第一步，而且要在参与和互动中创造新价值。吸引眼球很重要，更重要的是讲清楚，在参与讨论的过程中提升自己的能力。出圈，为的是提升自己的能力圈。

理解客户同样重要。在眼球经济时代，理解客户需要行为学、心理学和设计思维的结合。

一家新开的健身房有 10 米高的巨大攀岩墙，虽然真没多少人用，但足够吸引眼球，作为宣传手段，能够让人记住。特斯拉也特别会制造噱头来吸引人，比如早期曾经宣传车内安全到可以抵御生化危机，当然不会有多少人真的担心生化危机，但还是拉满噱头。

巴特利特认为，荒谬是比实用更好的宣传：你最荒谬的一面，道尽关于你的一切。YouTube（优兔）上的大 V 野兽先生（Mr. Beast）可以说是最会利用荒谬吸睛的创作者。他早期比较火的一期节目是，打优步（Uber）穿越美国，总共打车2256 英里（约 3630.68 千米），创造了吉尼斯纪录。另一期节目则是，给比萨外卖员 10 万美元小费。**夸张、荒谬是制造话题最好的方式**。

另一个极端则是给消费者以透明度，疏解消费者对不确定性的焦虑。类似的案例非常多。相对于宣布飞机晚点，明确告知晚点 50 分钟要让候机的旅客安心得多。同样，为了增强用户的"体验感"，外卖公司会让你看到配餐的轨迹，用信息透明来抵消用户的等待烦闷。

怎么把戏剧性（夸张）与透明度结合？日本"新干线 7 分钟剧场"是一个经典案例。在繁忙的东京站，一台新干线列车整个停留时间只有 10 分钟，扣除旅客上下车时间，只有 7 分钟打扫时间。乘客普遍担心时间太短，打扫不干净。负责清洁的公司干脆让清洁工穿着显眼的鲜红色的夹克，"表演自己的清洁工作"。这种"表演"有夸张的元素，将工作放大了，呈现在乘客面前，不仅让乘客放心，也赢得了乘客的尊重。

从另一方面来看，"新干线 7 分钟剧场"是将用户心理学和设计思维融合的绝佳案例，推动企业家去思考到底哪些细节的设计可以打动和影响用户。

从 CEO 网红和戏剧化吸引用户两个案例，我们不难看出，在快速变化、信息过载的世界，企业需要想办法吸引用户的眼球，并在此基础上占领用户的心智。将注意力转化成为对企业的认知和认同，并不容易，需要不断尝试新媒介、新工具，不断试错，这也就需要企业家改变对失败的态度。

《人生法则：33 条商业和生活指南》中对比了一对父子的两个团队的不同做法。父亲团队中规中矩，避免犯错；儿子则率领同事们大胆尝试，拥抱新事物，不断犯错。结果儿子的业绩几倍于父亲。在剧变的时代，想要成功，就需要改变对失败的态度：**若想提升你的成功率，就把失败率加倍。**

　　优秀的公司一直珍惜试错所积累的经验。长期担任 IBM（国际商业机器公司）CEO 的托马斯·沃森（Thomas Watson）对待失败就有自己的独到见解。下属搞砸了，同僚认为这个下属应该被炒鱿鱼，而沃森的回答很特别：我才不呢，我刚花了 60 万美元培训他，为什么要让别人应用他的经验？ 沃森比大多数领导者都知道好的失败的意义：失败即反馈，反馈即知识，知识即金钱。古语说，"吃一堑，长一智"，古今中外皆然。

　　形成正确对待失败的态度，也需要进阶。敢于试错是第一步，看到失败的价值是第二步。泰格·伍兹（Tiger Woods）的经验则是第三步。他在几乎功成名就之后，却选择花费大量的时间去纠正自己击球的细微动作，短期内排名不断下降。外人都很难理解。但伍兹很清楚自己在做什么：今日的小疏忽也许是明日的大患。任由小错误积累而不及时改变，就可能千里之堤溃于蚁穴。

　　第四步又回到了企业家的修养，是让一群不如自己、只会溜须拍马的人留在身边，还是吸引一群在专业领域比自己更牛，且想法也可能跟自己不一样的人？换句话说，是应该唯我独尊，还是能听得进不同的想法？优秀的领导者不断提醒企业家，不要害怕冲突，不要害怕不同想法，要珍惜比自己更聪明、更有能力的人。美国前总统奥巴马（Obama）就说过：要自信地让比你聪明或持不同意见的人在你周围。

　　最后一步，企业家需要能经受住成功的考验：成功也容易让人失焦，因为机会、选择和能力都增加了。

企业家提升修养是一个不断重复又不断进阶的过程。全球首富马斯克进军政界，在特朗普第二个任期中担任美国政府效率部（DOGE）的部长，立下了为美国政府预算瘦身2万亿美元的"军令状"。

很多人质疑，管理是否能跨界？其实，这不是一个跨界的问题，而是一个如何应对官僚主义的问题。企业家需要不断打破组织中的官僚倾向，因为组织里每位管理者都会建立起自己的次文化，而官僚机构也一直在维持现状，即使现状已经不合时宜。

时移世易，企业家需要勇立潮头！

吴晨

财经作家

晨读书局创始人

《经济学人·商论》原总编辑

推荐序三
这个年轻人，已经深刻地影响了我的生活

伦敦深秋的一个晚上，朋友送我到演讲厅门口，关心地问："下着大雨，你这是去听谁的演讲？"

我微笑着回答："史蒂文·巴特利特。"

在演讲厅，台上的史蒂文风趣地与科学家讨论着健康食物的奥秘。我在观众席里，心里其实有种冲动，想让这个年轻人知道：在过去的两年里，他已经深刻地影响了我的生活。

我一直是一个终身学习主义者，拥有强烈的求知欲。过去几年，我几乎每天都在听播客，浏览了很多频道。我逐渐发现，我聆听时间最长、最为入迷的播客，就是史蒂文·巴特利特的《CEO日记》。从健康到抗衰老，从经济到商业，从人工智能到脑科学，从政治到娱乐，从心理到哲学，我热爱他所探索的各个领域的知识。

我成了史蒂文的忠实听众，这不仅仅是因为他能够定期与

世界上最聪明的大脑、最有影响力的人物对话，更是因为他本人有一种难以言喻的魅力，和其他主持人截然不同。

有的主持人喜欢打断被访者，忙于展示自己的观点；有的主持人毫无存在感，仿佛是空气。但史蒂文拥有温暖、包容的谦虚，同时又能释放出锋利、好奇的火花，他奇妙地把握了平衡，用那令人舒适的声音，精准地替代我们这些听众，向世界提问。

他不仅尊重知识，也无畏于批判与质疑。他的提问总是直击核心，同时又对受访者充满深切的理解、感激与同理心，并且接地气地帮助听众迅速提炼出"为己所用"的方法。

因此，每次听史蒂文的播客，我总能收获最大，而且这些收获也能迅速转化为生活和工作中的实用工具。

这让我很早就意识到，史蒂文真的是个不一般的人：首先，他必定拥有强大的学习力，每周至少要深入理解一本书的内容或深入调研一个主题，才能提出直指本质的问题；他必定有着丰富的人生阅历，才能在 30 岁时拥有如此广博的情商，能够与伟大的精英和普通人都深刻共情；他必定拥有极度稳定的成长型人格，才会在每次采访中不遗余力地总结，知道如何将知识转化为行动。

果然，随便查一查，就能看到他的辉煌过往。史蒂文·巴特利特，1992 年出生，2 岁时随家人移民英国，在学校期间举办了各种活动和创业项目，甚至一度因此被学校开除，但由于为学校赚了丰厚的资金，他又被邀请回去。他当年进入曼彻斯特城市大学学习，只听了一节课便决定退学。

他连续创业，在四家行业领先的公司担任 CEO、创始人和董事会成员，四家公司在鼎盛时期的市值合计超过 10 亿美元。

他被誉为"英国最有才华的年轻企业家之一"，也是 BBC（英国广播公司）商业投资节目《龙穴》（*Dragon's Den*）开播以来最年轻的投资人。

2017 年，他创建了《CEO 日记》播客，采访了全球最成功的商界、学术界、体育界和娱乐界人士。该播客成为欧洲下载量最大的播客。

播客的成长速度令人瞩目。2024 年 5 月，我在我的公众号"安潇"中推荐他时，他的听众已达到 500 万；而在我写这篇文章的 12 月份，他的听众已经增长至 800 万。

我常常感叹，史蒂文定是一个时间管理大师，能在每周制作几小时的访谈播客的同时，管理着上千人的公司，投资最前沿的新科技产品，并四处参加演讲和活动。

我关注史蒂文的成长，同时我自己也在不断成长。

看了他与顶尖体育医生的对话，我更加重视 40 岁以上女性增强肌肉的重要性，因此我坚持健身了一整年，身体变得前所未有的结实。

听了他与著名睡眠科学家的对话，我夜里醒来的频率大大减少，睡得也更加深沉。

听了他与博士级毒理学家的对话，我意识到我们生活中充斥着有毒的产品，决定立即停止使用它们，保护自己和孩子的健康。

听了他与婚姻心理学家的对话，我学习到了许多与伴侣沟通的技巧，明白了如何通过调整词汇、角度、语气将冲突转化为加深关系的机会。

听了他与谷歌前 CEO 的对话，我意识到未来的工作方方面面都离不开人工智能，我们不能只是抗拒和恐惧，而应积极拥抱它。

我还通过他与美国知名投资人的对话，窥到了把 1000 美元变成 1 亿美元的秘诀……

这些学习让我日复一日地成长，而我未曾想到，跟随着史蒂文不断地升级认知，我的生活发生了从量变到质变的转变。正是他的播客，帮助我变得身体更健康、内心更稳定、人际关系更和谐、生活更高效，并且让我抓住了积累财富的机会。

当我在演讲厅的观众席上看到他本人时，我很想感谢他给我和很多人带来的改变。而当我得知自己有机会为他的著作《人生法则：33 条商业和生活指南》简体中文版写推荐序时，我感到非常荣幸和喜悦。我对史蒂文有种"同类人"的珍惜，也特别渴望将他带给我的积极改变传递给更多的中国读者。

《人生法则：33 条商业和生活指南》这本书，我一口气从封面读到封底，收获满满，更加佩服他那超凡的提炼、总结、归纳的能力。这是他 700 小时播客的结晶。在与全球顶尖人物和各个领域专家学者的对话后，他将所获得的智慧从繁杂中提炼简化，总结成极为清晰的 33 条法则。

他被誉为"英国最有才华的年轻哲学思想家"之一，正是因为他不仅能够大量吸取有价值的信息，更能以智慧将其提炼成连孩子都能理解的简单法则，让我们可以立刻运用，迅速实践于生活与工作中。

史蒂文是一位商人，更是一位哲人。我希望更多的中国读者和听众，能够跟随他一起了解世界、塑造自我、拓宽道路，把知识转化为技能、网络和资源，最终回馈世界。

我将在知识与思考的道路上不懈前行。在此，我也想对这条道路的领跑者——史蒂文·巴特利特，真诚地说一声"谢谢"。

安潇

育儿、健康、心理微信公众号"安潇"创始人

2024 年 12 月于伦敦

目　录

序 言

写这本书的我是谁？

我曾在四家行业领先的公司担任 CEO、创始人和董事会成员，这四家公司在巅峰时期的市值合计超过 10 亿美元。

现在，我是创新营销机构"富莱特故事"（Flight Story）、软件公司"叁网"（thirdweb）和投资基金"富莱特基金"（Flight Fund）的创始人。

我的公司在世界各地共雇用了数千名员工。我为公司筹集了近 1 亿美元的投资。我将公司的估值做到了九位数。我是 41 家公司的投资者，也是四家公司的董事会成员，其中两家公司处于行业领先位置。另外，我已经 30 岁了。我作为两家成功的营销集团（它们都已经跃升至行业领先地位）的创始人，这意味着我的大部分职业生涯是在董事会上度过的。在那里，我与全球最大公司的 CEO、首席营销官和领导者一起工作，为他们提供如何开展营销活动以及在网络上讲述品牌故事的建议。优步、苹果（Apple）、可口可乐（Coca-Cola）、耐克（Nike）、亚马逊（Amazon）、抖音国际版（TikTok）、罗技（Logitech）等你能想到的大公司都是我的客户。

此外，在过去的四年时间里，我采访了世界上最成功的商界、体育界、娱乐界和学术界人士。我积累了长达 700 小时的采访录音，其中包括你喜欢的作家、演员和首席营销官，世界顶尖的神经科学家，你最爱的球队队长，你最喜欢的球队经理，价值数十亿美元的公司的 CEO，以及许多世界顶尖的心理学家。

我将这些对谈以播客形式发布，并命名为《CEO 日记》。该播客很快成为欧洲下载量最大的播客，也是美国、爱尔兰、澳大利亚和中东国家最受欢迎的商业播客之一。该播客可以说是当前世界上听众数量增长最快的播客之一，仅 2021 年，听众人数就增长了 825%。

我奋斗过，也足够幸运地获得了一些独特的经历。几年前，我意识到我所获得的信息是多么的珍贵和强大，而地球上只有少数人能够获得这样的信息。我还意识到，无论在我的创业历程中，还是在我做过的数百次访谈中，我看到的所有成功和失败的核心，都是一套经得起时间考验的法则，它们适用于任何行业，也适用于任何想要创造伟大事业或使自己变得伟大的人。

本书不是一本关于商业战略的书。战略如季节一般变换流转，本书讲的是更加恒久的东西。这是一本关于创造伟大事业和成为伟大的人所需的经久不衰的基本法则的书。

无论你处在什么行业或从事什么工作，你都可以应用这些法则。

无论是现在还是百年之后，这些法则都能发挥作用。

这些法则植根于心理学、科学和数百年的研究。为了进一步验证这些法则，我对各大洲、各年龄段和各行业的数万人进行了调研。

☆ ☆ ☆

本书以五条核心理念为基础：

1. 我认为大多数图书的篇幅比它们所需要的更加长。
2. 我认为大多数图书写得比它们所需要的更加复杂。
3. 我认为图像胜过千言万语。
4. 我认为故事比数据更有力量，但是两者同样重要。
5. 我看重细微的差别，我认为真相往往藏在它们中间。

简而言之，本书旨在体现阿尔伯特·爱因斯坦（Albert Einstein）常被引用的一句话：

"凡事应力求简单，但不可过于简单。"

对我而言，这意味着要用精确的字数来告诉你每条法则的基本事实和阐释——不能多也不能少，并使用强大的图像和令人难以置信的真实故事让这些要点变得鲜活起来。

☆ 成就伟大的四个支柱

要想成为伟大的人和创造伟大的事业，我们就必须掌握四个支柱。我称它们为成就伟大的四个支柱。

支柱 1：自我

正如列奥纳多·达·芬奇（Leonardo da Vinci）所言："一个人不能掌握比自己更大或更小的控制力；你永远不会有比自己更强或更弱的主宰；成功的高度取决于你的自我掌控，失败的深度取决于你的自我放弃。无法主宰自己的人也无法主宰他人。"

这个支柱与你自己有关，包括自我意识、自我控制、自我保健、自我行为、自尊和自己的故事。自我是我们唯一可以直接控制的东西。掌握了自我，我们就掌握了整个世界，而掌握自我并非易事。

支柱 2：故事

所有阻碍你前进的都是人。而科学、心理学和历史研究都表明，没有任何图表、数据或信息能比一个真正伟大的故事更有可能对这些人产生正面的影响。

故事是任何领导者都可以用来武装自己的最强大的武器，它们是人性的货币。能够讲出引人入胜、激励人心和充满情感的故事的人，就能够统治世界。

这个支柱就是讲故事，以及如何利用讲故事的法则来说服那些阻挡你前进的人去跟随你，让他们从你这里下单，让他们信任你，让他们点击你的网站，让他们为你采取行动，同时让他们倾听你和理解你。

支柱 3：理念

在商界、体育界和学术界，一个人的理念是其当前和将来行为方式的最大预测因素。如果你了解一个人的理念或信念，你就可以准确预测他在任何情况下的行为方式。

这个支柱涉及伟大的人所信奉和践行的个人和职业哲学，以及这些理念是如何成就伟大事业的。你的理念是指导你的行为的一系列信念、价值观或原则，它们是支撑你行动的基本逻辑。

支柱 4：团队

"公司"一词的定义是"一群人"。从本质上说，每个公司、项目或组织都是由一群人组成的。每个组织所产生的一切——无论好坏——都来自团队中某个成员的想法。你的工作中最重要的成功因素在于你选择与谁共事。

我从未见过任何一个人在没有任何团队加入的情况下建立伟大的公司、项目或组织，我也从未见过有人在无人支持的情况下实现个人的伟大成就。

这个支柱就是如何组建你的团队并让团队发挥最大的作用。仅仅把团队组建起来是不够的，要想让你的团队成为真正伟大的团队，你需要合适的人，并通过正确的文化将他们凝聚在一起。当你拥有了一群因为优秀文化而凝聚在一起的人时，整个团队的力量就会超过其中所有个人力量的总和。当"1+1=3"时，伟大的事情就会发生。

THE DIARY OF A

CEO

自 我

法则 1

按正确顺序充实你的五大实力

这条法则解释了决定你的潜力的五个方面，以及如何发挥它们的作用，更重要的是，你该按照什么顺序发挥它们的作用。

我的朋友戴维（David）正在他家的前庭花园享受早间的意式咖啡。这时，一个满头大汗、一脸困惑、穿着破旧健身服的男人气喘吁吁地向他慢慢跑过来。接着，这位慢跑者停下脚步，喘着粗气向戴维打招呼。他说了一个不知所云的笑话，并疯狂大笑起来。然后，他又开始断断续续地谈论他正在建造的宇宙飞船，他打算放在猴子脑袋里的芯片，以及他想要制造的人工智能家庭机器人。

过了一会儿，这位慢跑者向戴维告别，并继续在街上满头大汗地慢慢前行。

这位汗涔涔的慢跑者是埃隆·马斯克，就是那个创建了特斯拉（Tesla）、太空探索技术公司（SpaceX）、神经链接（Neuralink）、开放人工智能（OpenAI）、贝宝（Paypal）、快去（Zip2）、无聊公司（The Boring Company）的亿万富翁。

在我透露这位大汗淋漓的慢跑者的身份之前，你可能会以为他是从当地精神病院逃出来的。但是，一旦你听到他的名字，前面说到的那些非同寻常的野心突然就变得有信服力了。

实际上，他的野心非常有信服力。当埃隆把这些告诉全世界时，人们会不假思索地从留给子女的遗产中拿出数十亿美元来支持他；人们还会辞去原有的工作，重新为他工作；甚至，人们会在他创造出产品前就进行预购。

这是因为埃隆已经发挥了他的五大实力。实际上，我见过的所有有能力创造真正伟大事业的人，都拥有能量满格的五大实力。

这五大实力的总和就是你的职业潜力的总和。对你和听说过你的梦想的人来说，这五大实力的饱和程度将决定你的梦想有多么伟大，可信度有多高，以及可实现性有多强。

那些取得伟大成就的人往往花费了数年甚至数十年的时间在这五大实力里注入自己的心血。一个有幸拥有满格五大实力的人，拥有改变世界所需的全部潜力。

当你求职时，当你选择下一本想要读的书或决定要追求什么梦想时，你必须了解自己的实力。

☆五大实力

1. 你知道什么（你的知识）。

2. 你可以做什么（你的技能）。

3. 你认识谁（你的关系网）。

4. 你拥有什么（你的资源）。

5. 世界怎么看待你（你的声誉）。

在我职业生涯的起步阶段，我还是一个 18 岁的初创公司创始人，我一直被一个道德问题困扰，似乎无法摆脱它：与回到我的出生地非洲并投入时间和精力去拯救哪怕一条生命相比，将我的时间和精力都用于组建公司并最终会让我变得富有是不是一种更崇高的追求？

这个问题在我的脑海里萦绕了好几年，直到我在纽约的一次偶遇让我有了一些清晰认知。我参加了拉德哈纳·斯瓦米（Radhanath Swami）在纽约举办的一场活动，他是一位世界知名的宗师、僧侣和精神领袖。

我挤进被斯瓦米深深吸引的追随者之中，这些人的眼睛闪闪发光。他们几乎一动不动，安静地聆听他说的每一个字。这时，大师问是否有人想向他提问。

我举起手。大师示意我提问。我问道："与回到非洲拯救生命相比，创办一家公司并让自己富裕起来是不是一种更崇高的追求？"

大师盯着我，仿佛能看到我的灵魂深处。在停顿了许久之后，他宣称："你无法从空桶里倒出水来。"

从那一刻算起，已经过去了近十年时间，我从未如此清晰地理解大师的意思。他告诉我的是，要专注于填充自己的实力，因为只有实力满满的人，才可以按照自己的意愿积极地改变世界。

现在，我已经创建了几家大公司，与世界上最大的组织合作过。我成了一名千万富翁，管理着数千人，阅读了数百本书，并用 700 小时采访了世界上的成功人士，我的水桶已经装得满满的了。正因如此，我拥有了**知识**、**技能**、**关系网**、**资源和声誉**，可以帮助世界上的数百万人，而这正是我打算用我的余生去做的事情——通过我的慈善工作、我的捐款、我创建的组织、我建立的媒体公司以及我正在努力创办的学校来帮助人们。

这五大实力是相互关联的，充实某一种实力有助于充实另一种，而且它们通常是按从左至右的顺序依次充实的。

你知道什么 → 你可以做什么 → 你认识谁 → 你拥有什么 → 世界怎么看待你

　　我们的职业生涯通常始于获取知识（例如上学等），当这些知识得到应用时，我们便称之为**技能**。当你拥有了知识与技能，你就会对他人产生职业价值，你的**关系网**也将随之扩大。因此，当你具备了知识、技能和关系网时，你的**资源**和获取资源的途径也会拓展，而且毫无疑问的是，你也会为自己赢得**声誉**。

　　在了解这五大实力及其关联后，我们会发现，对第一种实力（知识）的投资明显是你可以做的收益最高的投资。因为当知识得到应用（转化为技能）时，它必然会层层推进，逐一充实你的其他实力。

　　如果你真的领会了这一点，你就会明白，虽然一份工作可以给你带来稍微多一点的现金（资源），但如果它给予你的知识和技能少得多，那它就是一份低回报的工作。

　　阻碍我们按上述逻辑行动的力量通常是我们的"自我"。我们的"自我"说服我们跳过前两个实力的能力相当惊人，它可以让我们仅仅因为更高的收入（第四大实力）或者职位、地位、声誉（第五大实力）而选择在自己尚未具备称职的知识（第一大实力）和技能（第二大实力）的情况下接受一份工作。

如果我们屈服于这种诱惑，我们就会将自己的职业生涯建立在薄弱的基础上。这种短视的决定（无法延迟满足，且无法以足够的耐心去充实你的前两大实力）最终会拖我们的后腿。

2017 年，一位名叫理查德（Richard）的员工走进我的办公室。他只有 21 岁，才华横溢。他告诉我他有一些消息要与我分享。他说自己得到了一份工作，将在地球另一端的一家全新的营销公司担任 CEO，因此他想离开我的公司（这里曾是他茁壮发展的地方）去接受那份工作。他说这份工作让他的薪水有了可观的提升——几乎是我给他的两倍，他还能获得股权，并且可以在纽约生活。这与他成长的那个死气沉沉的村庄大相径庭，而且与他现在为我们公司服务的工作地点（英国曼彻斯特）相比也上了一个台阶。

说实话，我不相信他的话。我无法想象一家理智的公司会让一个毫无管理经验的初级员工担任如此关键的职务。

尽管如此，我还是接受了他的说法，并告诉他我会支持他离职。

事实证明我错了，理查德告诉我的是实话。这份工作机会确有其事。一个月后，他成了一家快速发展的初创营销公司 Big Apple 的 CEO，搬往纽约，开始了他的高管新生活，领导着一个 20 多人的团队。

不幸的是，故事并未就此结束。生活告诉我，也告诉理查德，要想取得可持续的成就，我们就不能跳过知识和技能两大实力。任何尝试跳过这两大实力的做法都无异于沙上建塔。

仅仅过了 18 个月，理查德加入的这家曾经前途无量的公司就倒闭了，重要员工离职，资金耗尽，有关管理方法的争议不断。这家公司关门后，理查德也失业了。他背井离乡，试图在我们曾经雇用过他的行业里寻找级别更低的新工作。

在决定走哪条人生道路、选择接受哪份工作或将业余时间投入何处时，请记住，这些得到应用的知识（技能）就是力量。优先充实你的前两大实力，这样你打下的基础就会让你具备无论脚下多么动荡都能取得成功的长期可持续性。

我把职业地震定义为一种不可预测的且会产生不利影响的职业事件。它可以是任何事情，比如，颠覆你所在行业的技术创新，被雇主解雇，或者自己创建的公司倒闭，等等。

任何一场职业地震都无法摧毁的只有两大实力。它可以夺走你的关系网，拿走你的资源，甚至影响你的声誉，但它永远无法掏空你的知识，也无法清空你的技能。

前两大实力是你长久发展的要素，既是你的基石，也是你未来最清晰的预测器。

☆法则：按正确的顺序充实你的五大实力

可应用的知识就是技能，你越是能够扩展和应用自己的知识，就越能够为世界创造更多价值。这种价值将通过不断扩大的关系网、丰富的资源和良好的声誉给你带来回报。因此，请务必按照正确的顺序来充实你的实力。

囤积黄金的人，拥有一时的财富。

积累知识与技能的人，拥有一辈子的财富。

真正的成功在于你所掌握的知识和你所能做的事情。

法则 2

要想精通，就要承担传道授业的责任

这条法则解释了世界上最著名的知识分子、作家和哲学家让自己成为大师的简单技巧，以及你可以如何利用它来开发技能、掌握话题和赢得受众。

☆ 故　事

一天晚上，我感觉整个地球上的人都聚在一起看着我在舞台上瘫软下去，但实际上我面前只有我的中学同学、他们的父母和一些老师。

当时，我 14 岁，负责在学校的考试颁奖大会上致闭幕词。当我走上舞台，整个礼堂陷入一片带着期待的寂静之中。

我站在那里，呆住了，惊恐万分，说不出话来。这是我经历的最漫长的几分钟。我盯着那张颤抖的纸，它被我紧紧攥在双手之中。我紧张得几乎要尿裤子了，是的，这就是人们常说的"怯场"。

我打算宣读的讲稿剧烈地颤抖着，以致我都看不清字了。最终，我不假思索地说出了一些即兴的、无厘头的陈词滥调，然后好像自己被行刑队盯上了一般飞快地跑下舞台，跑出门外。

自那个痛苦的日子之后，时光快进十年，现在我每年可以在台上做 50 个星期的演讲，足迹遍布世界各个角落。在圣保罗，我与巴拉克·奥巴马（Barack Obama）面向数万人演讲；在巴塞罗那，我的演讲场场爆满；在英国，我做巡回演讲；从基辅、得克萨斯州到米兰，我在各种节庆活动上演讲。

☆ 法则解读

从演讲事故酿造者到与最优秀的演说家同台登场的公共演说家，我的这一转变要归功于一条简单的法则。

这条法则不仅让我在舞台上表现得镇定自若、游刃有余（我的技能），也让我能够在舞台上分享一些有趣的东西（我的知识）。

我让自己有了传道授业的责任。

已故精神领袖尤吉·巴赞（Yogi Bhajan）说过："如果你想

学会什么，就去阅读。如果你想理解什么，就把它写下来。如果你想精通什么，那么就去<u>传授它</u>。"

21 岁那年，我对自己许下承诺，每天晚上七点写一条推文或拍一段视频来表达感悟，然后在晚上八点将其发布到网络上。

在我一生中为提高知识和技能（也就是为了扩充我的前两大实力）所做的所有事情中，这是带来最大不同的。毫不夸张地说，这彻底改变了我的人生轨迹。因此，对任何希望成为更好的思想家、演说家、作家或内容创作者的人来说，这是我最强烈推荐的一条建议。

而它的关键就在于，把学习、写作（记录）和在线分享当作一项日常责任，而不仅仅是兴趣。

☆ 投下赌注

在这么做之后不久，我便收到了受众评论和社交媒体平台数据分析等形式的反馈，这些反馈帮助我不断改进，而且这反过来也帮助我创建了一个纯粹为了我的每日感悟而关注我的社群。最初他们只有几十个人，差不多十年过去后，这个社群在所有平台上的粉丝总和已经发展到近 1000 万人。

从分享第一条感悟开始，我就与我的受众建立了一种"社会契约"，实际上那是对专门为了我的每日感悟而关注我的人所履行的一项责任，它激励我持续发布，但同时也让我有了损失——如果我停止这么做，我就会失去他们的关注和我的声誉。

从根本上说，责任意味着拥有可以损失的东西，因此拥有这些东西也被称为"投下赌注"。

如果你想要在生活中的任何领域加快学习进度，"**投下赌注**"对你来说就是一个重要的心理工具。有了"赌注"，你就有了更深层次的心理动机去开展某种行为，从而增加了学习的风险。这种"赌注"可以是金钱，也可以是个人的公开承诺。

如果你想更多地了解某家公司，那么你可以购买该公司的一些股票。如果你想了解 Web 3.0，那么你可以购买 NFT（非同质化通证）。如果你希望坚持去健身房锻炼，那么你可以和朋友们建一个聊天群组，并且每天分享你的锻炼情况。在这三个例子中，赌注要么是金钱，要么是社交价值。

多项全球研究均显示，"投下赌注"之所以有效，是因为避免损失比追逐收益更能驱使人们去行动。这就是科学家所谓的"损失厌恶心理"。

因此，让自己拥有可损失的东西吧。

☆ 费曼学习法的修订版

那么，**如果你想要精通一件事情，请公开去做，并坚持做下去**。以书面形式发布你的想法会促使你经常学习，会让你的文字更加简练；发布视频可以推动你提高演讲技能，让你清晰地表达自己的观点；在讲台上分享你的观点，可以教会你如何吸引观众并讲述引人入胜的故事。生活中任何领域的事情，你都可以在公开场合去做，并形成一种责任，迫使自己坚持不懈地去做，最终会让你精通这件事。

这项责任中最有价值的要素之一，在于我必须将我打算分享的任何一条感悟都提炼成 140 个字符的精华，以便在推文限制的字符数内与大家分享。

能够简化一个想法并成功地与他人分享，这既是我们理解它的途径，也是我们已经理解了它的证据。我们用来掩盖自己不太理解某个想法的方式之一，就是用更多的词和更宽泛的词来描述它，但很少使用必要的词。

将一个想法简化为它的本质的挑战通常被称为"费曼学习法"，它以美国著名科学家理查德·费曼（Richard Feynman）的名字命名。费曼因其在量子物理学方面的开创性工作于 1965 年获得诺贝尔奖。他有一种天赋，能够用最简单的语言来解释最复杂和费解的观点，甚至连孩子都能听懂。

如果我不能把一个概念讲得让一个大一新生也能听懂，那就说明我自己对此也一知半解。

——理查德·费曼

费曼学习法是一种可以让自我发展的强大的心智模式。它迫使你剥离不必要的复杂性，将一个概念提炼到最纯粹的本质，并让你对想要掌握的学科形成丰富而深入的认识。

费曼学习法包括几个关键步骤，我在自己的学习经验基础上对它们做了简化和更新。

步骤 1：学习

你必须先明确你想要理解的主题是什么，然后彻底地研究它，并从各个角度加以把握。

步骤 2：把它教给一个孩子

接下来，如果你要把它教给一个孩子的话，那么你可以将这个观点写下来，使用简单的文字，字数不要多，而且概念要简单。

步骤 3：分享

将你的观念传递给其他人，将它发布在网络上，例如你的博客，或者在讲台和餐桌上分享。选择任何你能够收到明确反馈的媒介。

步骤 4：回顾

回顾你的反馈，看看人们通过你的阐释理解了这个概念吗？在你向他们解释之后，他们也可以对你这么解释吗？如果答案是否定的，那么请回到步骤 1；如果答案是肯定的，那么请继续。

☆ ☆ ☆

回顾历史，我所见过或采访过的每一位伟大的演说家、作家和杰出知识分子都具备这样的能力。

《展望》（*Prospect*）杂志公布的当代百位现代知识分子中的每一个人都遵循这条法则。

在研究历史上的杰出哲学家时，我发现他们每一个人都体现了这条法则，而且通常都是该法则坚定的拥护者。

在他们生命中的某个时刻，无论是有意的还是无意的，他们都创造了一种责任，那就是思考、写作并分享他们的观点，而且始终如一。

　　无论是詹姆斯·克利尔（James Clear）、马尔科姆·格拉德威尔（Malcolm Gladwell）还是西蒙·西内克（Simon Sinek）等撰写博客、制作社交媒体视频的现代著名作家，抑或亚里士多德、柏拉图和孔子等在莎草纸卷轴上写作、在讲坛上演讲的古代哲学家，他们都遵循这条重要的法则，都承担了传道授业的责任，同时也成了掌握知识和传播知识的大师。

　　在课堂上，老师往往是学的最多的那个人。

——詹姆斯·克利尔

☆法则：要想精通，就要承担传道授业的责任

　　学的越多，提炼的越多，分享的也就越多。你的坚持将让你进步得更快，你收到的反馈也会完善你的技能。遵循这条法则，你就能成为大师。

记住知识并不能让你成为大师。

当你能够将这些知识传播出去时，你就成了大师。

法则 3
从不反对

这条法则会让你成为沟通、谈判、解决冲突、赢得辩论、被人倾听和改变他人想法的大师，还会告诉你为什么你的大多数争论不会有结果。

☆ 故　事

在我童年的大部分时间里，我目睹了母亲向父亲怒吼，而父亲则坐在一旁看着电视，显然完全无视母亲的存在。这种马拉松般持久而刺耳的尖叫对我来说是空前绝后的，闻所未闻。母亲可以对着父亲大喊大叫五六个小时，用同样的词语唠叨同一件事，而且劲头和音量丝毫不减。有时，父亲可能会试着反驳母亲，但是当父亲不可避免地无法再反驳时，父亲要么继续无视母亲，要么把自己锁在卧室里，要么跳上车离开。

我用了 20 年时间才意识到，我正是从父亲那里学到了这种解决冲突的策略。当时是凌晨两点，我躺在床上，我那愤怒的女朋友正在不停地向我抱怨让她不开心的事情。我用"我不同意"去反驳她，并且试图做出令人信服的反驳。结果不用说，我失败了。就像火上浇油一般，女朋友提高了音量，对我大喊大叫，继续用同样的词语表达同一个观点。

最后，我起身试图离开。她跟着我，我只好把自己关在衣柜里，一直待到了凌晨五点。衣柜外，她依然大吼大叫，说的还是同一件事，用的也是同样的语言，就像一台坏掉的录音机，但音量和劲头丝毫未减。

如今，她已经是我的前女友了。毫不意外，这段感情没有持续下去。

☆ 法则解读

实际上，在生活中的每一次人际冲突里，无论是商业冲突、情感问题还是柏拉图式的冲突，沟通既是问题所在，也是解决之道。

你可以通过观察每一次冲突是让这段关系变得更牢固还是更脆弱，来预测任何一段关系的长期健康水平。

健康的冲突可以巩固人际关系，因为涉及的各方都在<u>努力</u>

<u>解决问题</u>；而不健康的冲突则会削弱一段关系，因为参与其中的人都在<u>互相对抗</u>。

　　为了了解大脑科学能够教给我们哪些有效沟通的法则，我与伦敦大学学院、麻省理工学院的认知神经科学教授塔利·沙罗特（Tali Sharot）进行了一次座谈，她的分享彻底改变了我对生活、恋爱关系和商务谈判的看法。

　　沙罗特和她的团队在《自然神经科学》（*Nature Neuroscience*）杂志上发表的一项研究，记录了志愿者的大脑在产生意见分歧时的活动，以此来了解他们的内心发生了什么。

　　这项实验对 42 名志愿者按两人一组进行财务评估。每组志愿者躺在脑成像扫描仪中，他们之间被一道玻璃墙隔开。他们的反应被记录了下来。实验向他们展示房产照片，并要求他们各自猜测房产的价值并对其准确性下注。每名志愿者都能在屏幕上看到同伴的估价。

　　当两个人就估价达成一致时，他们各自都会对自己估价的准确性投下更高的赌注，监测大脑活动的研究人员看到仪器中他们的大脑亮了起来，这说明他们的认知接受能力更强，以及他们更具开放性。然而，如果他们在估价上有分歧，他们的大脑似乎就会冻结并封闭起来，导致他们既不听取也不重视对方的意见。

　　沙罗特的研究结果揭示了近期围绕政治话题争议的发展趋势。气候变化就是这样一个例子：尽管科学家们在过去十年里提出了越来越无可辩驳的证据，表明气候变化是人类所造成的，但皮尤研究中心（Pew Research Centre）进行的一项调查表明，同样在这十年中，相信这一科学证据的美国共和党人数在**减少**。不过，罔顾证据的怒辩显然是行不通的。

　　因此，我们如果希望增加被对方聆听的机会，就必须按这条法则去做。根据沙罗特的观点，**如果你想让别人保持头脑清醒并乐于接受你的观点，那么你一定不能在一开始就以反对作为回应。**

　　当发现与某人意见相左时，你要不惜一切代价地抵制情绪化的诱惑，避免用"我不同意"或"你错了"作为回应的开端，而是以你们的共性、共识以及对方论点中你能够认同的部分作为反驳的开场白。

无论你有多少证据，也无论你的观点有多么正确，只要你一开口就提出异议，那么任何经过缜密推理、合乎逻辑的论证都不可能得到认同。

相反，如果我们的出发点一致，并且有共性，那么我们有力的论证、准确的逻辑推理以及证据的分量被全盘接受的可能性便会提高。

"从不反对"是让你成为一名高效的谈判者、演说家、销售员、商业领袖、作家和合作伙伴的重要技能。

我之前采访了演讲和沟通教练朱利安·特雷热（Julian Treasure，他的 TED 演讲视频被观看了一亿次）以及有"爱情医生"美誉的婚恋专家保罗·布伦森（Paul Brunson），他们都解释说，要成为一名优秀的沟通者、对话者或者伙伴的艺术，首先在于聆听，让对方感到自己"被聆听"，然后确保你的回答能让对方感到"被理解"。

现在，沙罗特在神经科学方面的研究带来了明确的科学证据，告诉我们为什么这种让他人感觉"被聆听和被理解"的方法对改变一个人的想法来说如此重要。毫不意外的是，最有可能改变我们想法的人是我们在 98% 的话题上能与之达成一致的人。因为我们觉得他们能从根本上理解我们，所以我们更愿意聆听他们。

☆法则：从不反对

在谈判、辩论或激烈的争论中，试着记住这一点：改变他人想法的关键在于，找到一个共同的信念或动机，让他们的大脑乐意接受你的观点。

我们的语言应当成为理解的桥梁，而不是联系的障碍。

少一些异议，多一分理解。

法则 4
你选择不了自己的信念

这条法则会告诉你如何改变你的信念——无论是你的自我信念、你对他人的信念还是你对世界的信念，也会告诉你如何改变他人固执的念头。

想一想你深爱的人或动物：你的母亲、父亲、伴侣、狗狗——你生命中最重要的人或动物。

现在，想象他们被绑在一把椅子上，被一个凶残的恐怖分子用枪抵着。

接着，想象恐怖分子对你说："如果你不立即相信我是神，我就扣动扳机杀了他们！"

你会怎么做？

实际上，你最多只能撒个谎，因为你希望你所爱之人能够幸免于难。你至多只能告诉他，你相信他就是神。但是，你无法真正信服。

这个想象实验揭示了一个深刻且有争议的议题，即信念的真正本质到底是什么。在我假设的场景中，在命悬一线的紧要关头，你是否还是无法相信你并不相信的东西？那么，你凭什么觉得你可以"选择"自己的信念呢？

为了进一步研究"信念"这个概念，我调查了 1000 个人，向他们提出如下问题："你觉得自己的信念是由自己选择的吗？"令人难以置信的是，有 857 人（85.7%）的回答是肯定的。

在调查问卷的第二页，我问受访者如果可以挽救亲人的生命，他们是否会真的相信用枪抵着自己亲人的恐怖分子是神，98% 的人承认他们无法选择这种信念——他们至多只能撒谎。

你对自己所持的信念，你对他人所持的基本信念，以及你对这个世界所持的基本信念，都不是你可以"选择"的。

人们在听到这些时，往往会有一种本能的负面反应，因为这听起来会让人丧失能动性，它攻击了我们的"自由意志"，也就是自控力和独立性。如果我不能选择一种信念，那么我又怎么能**改变**一种信念呢？这是否会让我局限于当前我对世界、他人和自身的看法。

谢天谢地，这并不会。

你的生活证明了一个事实，那就是你的信念确实在不断改变和发展。我想，你现在不会相信还有圣诞老人吧？

社会也在以日益加快的速度改变其信念。18 世纪，人们认为烟草有益健康，为了让溺水者苏醒，医生会将烟草的烟雾吹进他们的屁股；19 世纪，人们认为女性阴蒂高潮是精神错乱的表现，医生会对这样的人进行医学治疗；而在距今不远的 20 世纪 70 年代，人们还相信外星人为了向我们发送加密信息而铲平了美国中部农场的庄稼；中世纪的医生甚至真的从屁股里掏出了他们的疗法，那时人们相信大便可以治疗从头痛到癫痫的所有疾病。

还好信念**可以改变**。

☆ ☆ ☆

我们的大脑会消耗大量能量，并因此进化出为了生存而保存能量的策略。大脑的主要目的之一，是通过发现模式来进行预测，并根据这些模式做出假设，因而它必须在尽可能短的时间内高效地完成这项工作。而信念可以让大脑快速做出预测。

对人类来说，拥有恒定的信念是一种有效的生存工具，因为信念驱动行为。我们的祖先坚定不移地认为，狮子是危险的，火是炙热的，深潭是要避开的。因为有了这样的信念，他们才得以存活了足够长的时间。因此，他们的后代也具备同样的信念。

在我的调查中，77% 的受访者表示这足以让他们相信恐怖分子实际就是神，共有 82% 的人表示他们对恐怖分子的看法会改变。亲眼看见一个人将水变成酒是一种强有力的证据，足以让他们改变信念。

这种思维实验和相应的调查揭示了我们的所有信念本质上的一个基本事实：我们所相信的事情基本上建立在某种形式的原始证据之上。然而，科学研究一再证明，这些证据在客观上是真是假并不重要。我们在主观上接受的证据都建立在我们的经验与偏见之上。

现在，依然有 30 万美国人相信地球是平的。益普索（Ipsos）近期的一次调查显示：21% 的成年美国人表示他们相信圣诞老人真实存在；令人不安的是，还有很多人相信查尔斯国王是吸血鬼；每三个美国人中就有一个人相信大脚怪的存在；每四个苏格兰人中就有一个人相信因弗内斯附近的湖里有巨型水怪。

要想改变他们的信念，仅仅告诉他们错了（就像我们在法则 3 中看到的那样）是没用的。给地平主义者看一张正确的地球圆形行星图也不管用。无论教练怎么激励一个在七岁时就被恶毒的操场霸凌者摧毁了自信心的人（非常有力的证据）去相信自己，或者让他对着镜子重复这么做，都不会改变他对自己的基本看法。

☆ 眼见为实

　　仅仅给地平主义者看一张由美国国家航空航天局（NASA）从太空拍摄的圆形地球照片是行不通的，因为要让他们相信自己看到的东西，不仅要让他们相信这张照片的内容，还要让他们相信照片的出处，即美国国家航空航天局。但对地平主义者来说，两者都不可信，他们认为，美国国家航空航天局是骗子，宇航员是演员，而科学家和他们都是一伙的。

　　在罗伯特·西奥迪尼（Robert Cialdini）博士的知名作品《影响力》（Influence）中，他解释说，如果我们在某件事情上信赖某人的权威，比如利昂内尔·梅西（Lionel Messi）告诉我们阿迪达斯的足球鞋比耐克的好，私人教练告诉我们举重的方法不正确，或者医生告诉我们需要吃药，那么我们很有可能乐于服从他们的权威，接受他们的信念并按照他们说的去做。

　　对一些最重要的信念，我们完全没有任何证据来证明其合理性。我们之所以相信这些信念，只是因为我们深爱和信赖的人也持有这样的信念。考虑到我们所知甚少，我们对自己的信念所持的自信也是荒谬的，这也是至关重要的。

　　——丹尼尔·卡尼曼（Daniel Kahneman），2002 年诺贝尔经济学奖得主权威人士是一股可以改变信念的强大力量，但最强大的力量还是来自**我们自身五感的第一方证据**。俗话说，眼见为实。地平主义者对科学、天文学以及任何相关专业人士都不信任，因而要想颠覆他们顽固的信念，唯一可以想到的办法就是将他们送往太空，让他们亲眼见证。

这种亲眼看见证据的需要，解释了为什么许多疯狂的阴谋论居然经得起时间的考验，因为这些事情对我们大多数人来说无法亲眼见证。

同理，一个对自己的演讲能力缺乏自信的人不太可能仅仅因为母亲告诉他是优秀的演讲者就变得自信起来，他需要上台演讲，从他信任的无偏见的对象那里获得积极的反馈。

我们相信自己的眼睛是可靠的信息来源。因此，为了让我们理解科学家们的见解，他们必须让我们的五感都参与其中。根据这一原则，气候变化教育工作者正在试着将有关气候变化的成因和速度的科学知识转化为"本土课程"，例如展示气候变化对我们当地事物的影响，这样我们就可以亲自去看一看。

☆ 对现有信念的自信

我向前一条法则中提到的沙罗特教授提出了一个问题："我们该如何改变自己或他人的信念？"她用了数年时间在多项研究中考察了信念为何存在、信念为何难以改变以及信念如何改变的问题。

她告诉我，大脑在考虑任何新证据的同时，都会考虑它已存储的现有证据。如果我告诉你，我曾看到一头粉红色的大象在天上飞，你的大脑就会将这个新证据与你的现有证据进行对比：大象并非粉红色的，而且大象不会飞。因此，你很可能会否定我的说法。

然而，如果我告诉一个三岁的孩子，我看到一头粉红色的大象在天上飞，那么这个孩子很可能会相信我，因为他还没有对大象、飞行和相关物理定律形成强烈的对应信念。

沙罗特认为，有四个因素决定了一个新证据是否可以改变现有的信念：

1. 现有证据。
2. 对现有证据的自信程度。
3. 新证据。
4. 对新证据的自信程度。

就像我们从人们广泛讨论的"确认偏误"（confirmation bias）现象中所看到的那样，人类倾向于通过证实或者顺应现有信念、价值观的方式去搜索和回忆信息，以及表现出对某种信息的偏好。新证据与他们当前的信念相差越大，就越不可能改变其信念。

☆如果事情听上去不错，我们就会改变想法

所有这一切都意味着，强烈的信念是很难改变的，但有一个很重要的例外：如果反例恰恰是你希望听到的，那么你更有可能改变自己的想法。例如，在 2011 年的一项研究中，当人们被告知他人眼中的自己比自己眼中的更有魅力时，他们都很乐意改变自我认知。而在一项 2016 年的研究中，当人们得知他们的基因表明自己比想象中的更有抗病能力时，受试者同样很快改变了他们的信念。

那么，在政治方面呢？ 2016 年 8 月，900 名美国公民被要求预测美国总统大选的结果，做法是将一个小箭头放在一个从希拉里·克林顿（Hillary Clinton）到唐纳德·特朗普（Donald Trump）的标尺上。如果你觉得希拉里的胜算更大，那么你可以将箭头放在她附近；如果你认为可能性对半开，那么你可以将箭头放在标尺中央。以此类推。测试者首先问了受试者一个问题："你希望谁获胜？"50% 的受试者表示希望希拉里获胜，另有 50% 的受试者表示希望特朗普获胜。

当被问及他们觉得谁会获胜时，两组受试者都将箭头指向了希拉里。这表示他们都相信希拉里会赢。接着，新的民意调查又开始了，调查结果预测特朗普会获胜。每个人被再次问及他们认为谁会获胜。新的民意调查是否改变了他们的预测呢？

答案是肯定的，新的民意调查极大地改变了特朗普支持者

的预测，因为这正是他们希望听到的。新的民意调查显示特朗普即将获胜，这让他们欣喜若狂，并迅速改变了自己的预测。

而希拉里的支持者则没怎么改变自己的预测，很多人完全忽视了新的民意调查结果。

☆ 不要攻击信念，而要激发新的信念

沙罗特总结道，要想改变信念，"秘诀在于我们要顺应大脑的工作模式，不要与之对抗"。

不要试图打破或反驳别人已有的证据；**相反，要把重心放在植入全新的证据上**，并确保你已经强调了这些新证据将会给他们带来的积极影响。

其中一个例子是，家长们对 1998 年发表的一篇期刊文章中有关麻腮风三联（MMR）疫苗与孤独症之间的联系的反应。该文章现已被推翻，但随着文章中理论的传播，许多家长拒绝让自己的孩子接种疫苗，并顽固地坚持自己的信念。最后，一组研究人员改变了家长们的想法，但他们并没有试图打破现有的观念（他们根本就没有聚焦于现有的观念），而是向家长们提供了有关疫苗的非常正面的有益的信息，这些都是有关如何预防孩子接触致命疾病的真实信息。这一招果然奏效，于是家长们同意让他们的孩子接种疫苗。

☆详尽的自我审查可以削弱任何信念

有趣的是，当你攻击他们或者试图用数据说服他们时，他们不会削弱自己的信念；但当你要求他们解释或者分析他们的信念的细节时，他们就会失去信念。这是认知治疗师所熟知的一种技法。

《纽约客》(New Yorker)的伊丽莎白·科尔伯特（Elizabeth Kolbert）最近描述了一项在耶鲁大学开展的研究，研究要求研究生根据自己对家中马桶的了解程度进行评分，接着要求他们写出详细的、分步骤的解释来说明马桶如何工作。在尝试解释马桶的内部构造后，他们被要求再次对自己的了解程度进行打分。结果显示，他们对自己理解马桶的信心明显有了下降。

在 2012 年开展的一项类似的研究中，受试者被问及他们对有关医疗保健的政治提案的立场。正如科尔伯特所描述的那样："研究要求参与者根据自己的认同程度来评估自己的立场，接着要求他们尽可能详细地解释实施每项提案的影响。大多数人在这里卡壳了。"当他们被再度要求对自己的观点进行评分时，他们的信念有所减弱，他们要么同意，要么反对得没那么强烈。

要求一个人解释他们坚定的信念背后的细节和逻辑依据，是削弱其信念的一种非常有效的方法。这也适用于限制性的信念。如果一个人在自我认知上苦苦挣扎，认为自己一文不名，那么请让他们尽可能详细地解释他们为什么会有这种感觉并质疑他们的回答，这是让他们放弃这种自我认知的有效方式。

☆ 哪里有新证据，哪里就有发展空间

正如你在法则 2 中所了解到的，我在年轻的时候与可怕的怯场心理斗争过，而怯场本身是由一系列信念支撑起来的。告诉我"一些都会好的"并不足以改变我对上台演讲、如何表演以及会有什么反响的预设，我的信念非常顽固。

我的怯场心理最终消失了，现在当我在座无虚席的会场或电视直播中发言时，我的紧张感减少了 99.9%。原因很简单，因为我坚持上台演讲。这么做让我渐渐积累了新的、积极的第一方证据，它们取代了我在舞台能力上的原有证据。我在舞台上讲得越多，我对这些新证据的信心就越强，对自己无能和由此而生的恐惧的信念也随之减少。

去做你害怕的事情并坚持这么做。这是迄今为止最快、最可靠的克服恐惧的方法。

——戴尔·卡耐基（Dale Carnegie）

对我来说，这也许是有关改变信念和如何增强一个人的自我认知的最重要的基本真理；当一个人得到新的反面证据并对

这些证据持有高度主观的自信时，这个人的信念就会改变。

如果你的一个朋友对自己持限制性认知，或者你对自己持这样的信念，那么改变这种信念的最佳办法不是阅读励志图书、查看励志名言或观看激励视频，而是**走出自己的舒适区**，到一个新的环境中去，让原有的限制性认知直面全新的第一方证据。

你可以通过这种方式改变哪怕最顽固的信念。我就是这样在 12 个月的时间里从虔诚的宗教信徒变成了不可知论者，从不自信的人变成了自信的人，从害怕公开演讲的人变成了在任何舞台上都拥有不可动摇的信心的演讲者。

☆ 法则：你选择不了自己的信念

信念是顽固的，但也是可塑的。要想改变信念，人们就必须找到一种方法来获得他们可以信赖的具有说服力的新证据。如果新证据的来源与他们现有的其他信念相符，那么人们更有可能相信新证据的有效性。能够带来积极结果的证据，是最容易令人信服的证据。如果你对自己的某些限制性信念的有效性和细节产生了怀疑，那么你对它们的确信程度就会减弱。如果你希望改变他人的信念，那么请不要对其进行攻击，而要让他们直接见证正向的新证据，这样既可以激励他们，又可以抵消旧信念的负面影响。没有受到挑战的限制性信念，是阻碍我们成为想要成为的人的最大阻碍。

别再告诉自己不够格、不够好或不值得。

当你开始做你不够格做的事情时，你才会成长。

法则 5
向前一步，拥抱不寻常的行为

我所创建的每一家成功的公司都离不开这条法则。这条法则可以教你如何在瞬息万变的世界中保持领先，如何利用变化，以及如何避免被即将到来的技术革新甩在身后。

☆ 故　事

"人人都爱音乐，这就是我们一直从事这个行业的原因。"

世界上最大的音乐商店之一的前 CEO 在店铺二楼阳台上向楼下熙熙攘攘的人群说出了这样一句具有决定性意义的话。

若干年后，他的全球音乐商店停业了。

他是对的，人们的确热爱音乐。但人们不喜欢花一个小时的时间冒雨来到店里，挤进熙熙攘攘的人群，只为拿到一张塑料唱片，最后还要排长队付款。

他误判了顾客想要的东西：顾客想要音乐，而不是 CD 唱片。

苹果公司的数字音乐平台 iTunes 在 2003 年春问世，让那些原本购买唱片的顾客获得了他们想要的东西——音乐，同时无须费尽周折。

可靠消息显示，那位 CEO 非常看不上数字音乐，他甚至不愿意与他的高层领导团队讨论数字音乐的引入或者数字音乐构成的威胁。

他的一位专业助理告诉我，他已经"**落伍**"了，因为他完全不理解这个领域。他认为，数字音乐盗版泛滥，而且数字音乐不会直接影响人们对 CD 唱片的喜爱。

我相信克利福德·斯托尔（Clifford Stoll）在 1995 年 2 月发表于《新闻周刊》（*Newsweek*）的一篇文章对美国互联网的未来做出轻蔑的预测时也是"落伍"的。

我对这个时下最热门的、被过度宣传的群体感到不安。有远见的人看到了远程办公、互动图书馆和多媒体教室的未来。他们谈论电子城镇会议和虚拟社区。商业和商务活动将从办公室和商场转移到网络和调制解调器里……这简直是一派胡言。事实是，任何在线数据库都无法取代你每天看的报纸。

《新闻周刊》最终停办了纸质版杂志，并将全部业务转移到了互联网上。

1903 年，一家行业领先的银行行长对福特汽车公司的创始人亨利·福特（Henry Ford）说："马会继续沿用下去的，汽车不过是一种新鲜事物，一种潮流罢了。"

1992 年，英特尔 CEO 安迪·格鲁夫（Andy Grove）明确做出保守的表态："每个人的口袋里都放着一部个人通信工具的想法是'贪婪推动下的空想'。"

微软前 CEO 史蒂夫·鲍尔默（Steve Ballmer）对苹果公司的嘲弄自然也是持保守的姿态："苹果手机不可能获得任何可观的市场份额。"

19 岁那年，我在一个世界领先的时尚品牌位于伦敦的美丽办公室里参加了一场会议。那是 2012 年，社交媒体已经在消费者中流行起来，但品牌落后——品牌在面对新技术时似乎总是如此。

那一天，我的任务是说服该品牌的营销部门，也就是他们的营销总监，更认真地对待社交媒体，即向前一步，更确切地说，就是推出自己的社交媒体页面。但我失败了。我遭到了驳斥、嘲笑和否定。当我向这位营销总监宣传时，他显然吓坏了："那么，人们就可以对我们发布的内容评头论足，甚至批评我们了？"他质疑道："我不希望我们的品牌在网上走红，否则我们怎么控制事态呢？"他接着说："杂志广告对我们来说已经足够，社交媒体过于危险。"我的演讲刚进行到一半，他就叫停了会议。不用说，他再也没给我打过电话。

后来，我的公司日渐壮大，可以说已经成为市场上最具影响力的营销公司。

而我在那天遇到的品牌已经于 2019 年申请破产。

☆ 法则解读

在我的定义中，"保守退缩"并不是"一种过错"，而是傲慢地认为自己是对的，从而拒绝聆听、学习和关注新信息。

这不仅仅是一种傲慢的表现。不幸的是，这往往是人们的通病。人们之所以对重要的、潜在的关键信息表现出保守退缩的姿态，其心理原因在于**认知失调**（cognitive dissonance），这是一种已经得到深入研究的心理现象。

"认知失调"这一概念由美国心理学家利昂·费斯廷格（Leon Festinger）在 20 世纪 50 年代提出，它描述了想法与行为之间产生矛盾时人们所体验到的冲突。例如，吸烟者是认知失调的，因为吸烟行为与吸烟有害的证据相矛盾。为了化解这一矛盾，吸烟者要么放弃吸烟，要么想办法为自己的行为辩解。我们都能想到吸烟者使用的借口，例如"我只是偶尔抽烟"，或者"对自己身体有害的事情多了去了"，抑或"为什么我不能自由选择自己的行为呢"。

在费斯廷格看来，认知失调有助于解释为什么有那么多人生活在相互矛盾的想法或价值观中。但这也会阻止我们在应该改变的时候改变想法，哪怕这么做可以挽救我们的事业、工作、生意或生命。

研究表明，当我们遇到的事实或证据破坏了我们对自己的看法，或与之相冲突时，当它们打击了我们的自我认同和信心，或让我们感受到某种威胁时，认知失调会让我们感到最为痛苦。

在商业领域，任何固守原有意识形态的人可能都无法提供解决方案，因为解决问题通常要求人们保持足够的谦虚，放弃自己最初的预设，倾听市场的声音。

☆ 毋宁死，不犯错

像英特尔 CEO 对移动电话发表看法，或微软 CEO 对苹果手机表达观点一样，公开发表自己对某件事情的看法很有可能把自己往棺材里又推进了一步。因为一旦我们坚持某种信念，我们的大脑就会不懈地抗争，以证明我们自己是对的，哪怕我们明显错了。

研究结果一再表明，一旦我们做出决定，例如为某个党派投票，打算在某个地区买房，觉得某个风险被夸大了，我们就会不自觉地为之辩护并使之合理化。很快，我们最初的疑虑就会消失。

研究这一现象的美国心理学家埃利奥特·阿伦森（Elliot Aronson）曾组建过一个著名的讨论小组，其成员都是一些自负又无趣的人。部分参与者要经过严苛的挑选过程才能加入，另一些人则不费吹灰之力就可以加入。据称，那些被"刁难"的人比直接入选的人更喜欢这个小组。阿伦森对此解释道：每当我们在某件事情上投入了时间、金钱或精力，但结果证明我们完全浪费了时间的时候，这就会造成某种失调，而我们会尽力为自己糟糕的决定辩解，以减轻这种失调感。阿伦森的参与者不自觉地将注意力集中在寻找这个刻意为之的无聊小组可能会有的有趣之处或可以忍受的地方。而那些只投入了很少精力就加入的人所需要化解的失调感更少，因此他们也更愿意承认这就是在浪费时间。

☆我们不会听从另一方的声音

否定我的并不仅仅是那个时尚品牌的营销总监。在我的社交媒体营销公司成立后的最初三年里，我们每天都在遭遇攻击、斥责与批评。

评论家们把我们称为"寄生虫"，说我们的业务不过是一种"时髦"，并预测我们将会"在几个月内倒闭"。我还记得，2015年热议新闻网（Buzzfeed News）写了一篇批评文章来质疑我们的人品、做法和信誉，当时我还安慰了因此而落泪的联合创始人汉娜·安德森（Hannah Anderson）。

毫不意外的是，这样的攻击总是来自传统媒体（电视、平面媒体和广播）和营销领域的相关人士。他们将我们视为令人讨厌的"营销新顽童"。一位评论员说我们是"社交媒体的神秘黑客"，另一位记者则在文章中表示我们从"不那么光彩的广告行为"中获利数百万美元。

实际上，我们并没有做任何革命性的事情，他们只是不理解我们所做的事情，而且这在某种程度上威胁到了他们的认同感。原因就像一位记者所说的那样："曼彻斯特的一群二十几岁的年轻人"接手了市场营销工作。

当我们不理解某件事、某个人、某种新观点或某项新技术，并且这个新事物挑战了我们的认同感、智慧或生计时，我们的反应往往不是聆听或进一步接受（为了缓解我们的认知失调），我们常常会保守后退，并且攻击对方。这可能会让我们感觉良好，但是把头埋在沙子里的鸵鸟被吃掉的危险反而很大。

这就解释了为什么我们生命中最重要的创新在问世之初受到的批评最多，因为这些创新有可能会破坏人们的认同感、智慧和理解力。正因如此，我始终认为一项新技术受到的激烈批评往往是其潜力的正向指标，这说明该技术有值得进一步关注的东西，有人受到了威胁，以及创新即将到来。

这就是我向前拥抱所谓的"Web 3.0""区块链技术"或"加密货币"，并在这个领域创建名为"叁网"的软件公司的原因。所有保守的人都在否定它、攻击它，并为此感到愤怒。这波悲观的情绪让我想到了 2012 年，当时我刚创办了一家 Web 2.0 公司，而我保留了自己的判断，并做出了自己的研判。在所有看似"邪恶"的敛财行为和短视做法（新技术出现时的常见观点）之下，我发现了区块链潜在的技术革命，而且我相信它可以让我们生活中的许多事情变得更轻松、更好、更快且更便宜。近年来，叁网在新一轮投资中的估值达到 1.6 亿美元，数十万客户正在使用我们的工具。

即使一项新的创新没有招致如潮的批评，重要的也是要记住，创新之所以能够带来颠覆，正是因为它有所不同。很显然，它应该看似怪异，不那么传统，会被人误解，而且听上去就有问题，还可能有些愚蠢和笨拙，甚至不那么合法。

我曾就这个话题采访广告界的传奇人物——奥美广告集团副董事长罗里·萨瑟兰（Rory Sutherland）。他告诉我："对人们来说，重要的往往不在于一个想法是否正确或有效，而在于它是否符合主流预设或先入为主的观念。新事物会威胁到人们的自我、地位、工作和身份。"

这种认知失调和逃避行为随处可见。在我们对某些意识形态、政治家、报纸、品牌或技术产生亲切之感时，这种拥护心态会扭曲与拥护对象相悖的证据。如果我们认为一个人站在另一方的立场上，哪怕他们还没有开口说话，我们就已经感到别扭了。

☆ 如何成为"向前一步"的人

用教育企业家迈克尔·西蒙斯（Michael Simmons）的话说："现年 40 岁的人在 20 年后，也就是大约 2040 年经历的变化速率将会是现在的四倍。按现在的标准来看，需要一年时间才能完成的变化在未来只需三个月的时间。对现年十岁的人来说，当他们 60 岁时，他们只需 11 天就能经历现在一年的变化。"

堪称世界上最杰出的未来学家的雷·库兹韦尔（Ray Kurzweil）在概括这种极端加速的变化的深刻性时如是说："21 世纪，我们不会经历历时百年的技术进步了，我们将见证大约两万年的进步（以当前的发展速度来衡量），或是千倍（变化速率）于 20 世纪的进步。"

变化只会越来越快，因此认知失调感（发现某事不合理，与你的所知相互矛盾的感觉）也会越发强烈。

正如法则 3 和法则 4 所讨论的那样，若要承认自己是错的——而不是条件反射般地自我辩解或否定，我们需要进行自我反省，并且至少要经历暂时的认知失调。

你不会希望成为错过下一场技术革命的企业家，你不会希望成为忽视下一个重大营销机遇的首席营销官，你不会希望成为不在乎下一个媒体前沿的记者。你不会希望成为一个"落伍保守"的人。考虑到前文所说的变化速度，让你试图保守退缩的事物只会越来越多。

值得庆幸的是，我们可以采用一些实用的心理技术来减少这种失调感和由此造成的退缩行为。

其中一种方法是，默认两个看似矛盾的观点可以同时成立，并倾向于将它们区分开来。埃利奥特·阿伦森与其研究社会心理学的同僚卡罗尔·塔夫里斯（Carol Tavris）将这种方法称为"西蒙·佩雷斯解决方案"（Shimon Peres solution）。以色列前总理西蒙·佩雷斯对他的朋友，也就是美国总统罗纳德·里根（Ronald Reagan），正式访问德国时前往一处埋葬前纳粹分子的墓地感到非常愤怒。有人问佩雷斯对里根访问墓地的决定作何感想。若要减少自己的失调感，他可以选择以下两种方式中的一种：

1. 宣称与里根断绝朋友关系。
2. 表示里根的访问微不足道，不值得挂心。

　　然而，佩雷斯没有做出上述任何一种回应。相反，他只是说："当朋友犯错时，朋友依然是朋友，错误还是错误。"

　　佩雷斯成功地"忍住"了这种失调感，克制了强迫两件事都变得完全合理的冲动。他给我们上了一课，告诉我们如何避免轻易做出膝跳式反应或被迫做出非黑即白的选择。我们应该接受细微的差别，认识到两件看似矛盾的事情可能同时都是真实的。不管网络上激情满溢的部落主义可能会诱使你相信什么，你最重要的信念一定不是二选一的，向前一步的人都可以同时看到新旧方法的优点，而不会强迫自己去拒绝或谴责任何一种方法。

　　在认知失调的时候，当自己不理解的观点、新事物和信息（例如 Web 3.0、虚拟现实、社交媒体、对立的政治意识形态和社会运动）挑战我们的传统或威胁到我们的认同时，重要的是要抵制评判的诱惑，因为这通常只是一种缓解我们认知上的不协调的做法。我们应该**向前一步**，认真研究并真诚发问：为什么我会相信自己所相信的？有没有可能我是错的？我知道自己在说什么吗？我是否因为自己不理解而变得保守了？我在遵循集体原则吗？这到底是我自己的信念还是和我一样的人的信念？

　　那些有耐心和信心这么做的人，无疑会拥有未来。

　　而那些没耐心的人则将继续被甩在后面。

☆法则：向前一步，拥抱不寻常的行为

当不理解的时候，你就向前一步。当智力被挑战时，你就向前一步。当因为一些事物而感到自己有些愚蠢时，你就向前一步。退缩只会让你越来越落后。不要屏蔽那些你不认同的人，多关注他们。不要逃避让你感到不舒服的想法，迎头直面它们。

不去冒险将会成为你最大的风险。

不去冒险，就是你最大的风险。

要想成功，就要冒失败的风险。

要想获得真爱，就要冒心碎的风险。

要想赢得掌声，就要冒被批评的风险。要想成就非凡，就要冒落于庸常的风险。

如果你在生活中逃避风险，那么你可能会错失精彩人生。

法则 6
问胜于说——问题或行为效应

这条法则揭示了最简单、最有效的心理技巧，你可以用它来激励别人做事、养成行为习惯或做出想要的行动。这条法则既可以用在你自己身上，也可以用在别人身上！

1980 年，罗纳德·里根开始竞选美国总统，他的对手是 1976 年当选的吉米·卡特（Jimmy Carter）。当时美国的经济状况十分糟糕，里根必须说服选民，告诉他们是时候将卡特踢出白宫了。

在 1980 年美国总统竞选的最后一周，两名候选人于 10 月 28 日举行了他们唯一的一次辩论，收看这场辩论的观众高达 8060 万人。这场辩论一举成为当时美国历史上收视率最高的辩论。

辩论开始时，时任总统卡特在民意调查中领先八个百分点。

里根知道，他需要用卡特执政下糟糕的经济去攻击卡特，但是，他并没有像此前的每一位总统候选人那样陈述经济事实，而是做了一件前所未有的事，而且从他开始，后来的每一位总统候选人几乎都这么做了。他提出了一个既简单又经典的问题："和四年前相比，你们现在过得好吗？"他接着说道：

> 下周二，你们所有人都会去投票站，你们将站在那里做出决定。我认为，你们在投票的时候最好问一问自己，你现在是否比四年前过得更好？和四年前相比，现在去商店购物更方便吗？失业率是更高还是更低了？美国还像过去那样受到全世界的尊重吗？……如果你所有的回答都是肯定的，那么我认为你的选择已经非常明显了。

辩论结束后，美国广播公司新闻频道（ABC News）进行的电视投票调查收到了 65 万份回复——几乎 70% 的受访者表示里根赢得了辩论。七天后的 11 月 4 日，里根以十个百分点的压倒性优势击败卡特，当选美国第 40 任总统。

这仅仅是一个问题吗？不是，这是有科学依据的政治魔法。为什么它会奏效？**与陈述不同，问题可以引发人们的回应——让人思考。**这就是为什么俄亥俄州立大学的研究人员发现，当事情明显倾向于你这一方时，提问比简单的陈述更有效。

☆ 提问或行为效应的力量

我们都做过未能兑现的承诺。比如，"今年我要好好吃饭""这周我每天都要晨练"，你有多少次说过这样的话但最后都没实现？当然，我们本来是打算坚持到底的，但好的出发点并不足以带来有意义的改变。而精心设计的问题或许可以做到。

来自美国四所大学的科学家团队在梳理了横跨 40 年的100 多项研究后发现，要想影响自己或他人的行为，问胜于说。

这项研究的一位合作者华盛顿州立大学的戴维·斯普罗特（David Sprott）表示："如果你询问一个人未来是否会做某件事，这件事发生的可能性就会改变。"提问会引发一种心理反应，一种不同于回应陈述的反应。

这意味着，与一块写着"你会回收利用吗？"的标牌相比，写着"请回收"的标牌不太可能提高受众回收利用的可能性。与问自己"我今天会吃蔬菜吗？"相比，告诉自己"我今天要吃蔬菜"也不太可能增加自己吃蔬菜的可能性。

你会回收利用吗？

令人惊讶的是，研究人员发现，将陈述句转变为疑问句对人的行为的影响可以持续六个月之久。

当提出只能以"是"或"否"来回答的疑问句时，其产生的问题或行为效应的威力更大。

当问题被用来鼓励符合回答者个人和社会抱负的行为时，其带来的问题或行为效应会得到充分发挥（肯定的回答会让他们更接近自己想要成为的人）。

对意愿发问意味着主动权和行动，而用"能否"提问意味着问题有关能力而非行动，因此前者产生的问题或行为效应会更加明显。同样地，对意愿发问也比用"可否"提问的效果更好，因为后者是有条件的，而且强调的是发生的可能性而非发生的概率。

☆ 以有利的方式利用认知失调

在法则 5 中，我解释了认知失调现象的害处，不过现在我要告诉你的是它的益处。

认知失调指的是当最好的你——你真正想成为的那个你——与你现在的样子不符时，你所感到的心理不适。假设你希望成为太极高手，有朋友问你是否每天都打太极。回答"否"会造成认知失调，因为这会凸显你的实际状况与你的理想状态之间的差距。要想抹除这种差距，你可能会回答"是"。一旦你这么做了，你的愿望就很可能会实现。因为这个问题不仅提醒了你想成为什么样的人，也为你提供了一条成为这样的人的途径，同时让你下定决心这么做。所有这一切都源自一个短小而有力的问题。

这种方式之所以在回答"是"或"否"时更加有效，是因为这种二元选择不允许我们为自己做任何辩解或找借口。借口会让我们逃避现实，会让我们忘记想成为什么样的人，也会让我们忘记要怎么做才能实现这个目标。

我有一位出色的私人助理——索菲（Sophie），她每周都会宣布自己"周一要去健身房"。有时，当我天真地问她是否真的周一去了健身房时，她会给我一长串详细的理由，告诉我她为什么没能那么做，接着又会宣布她下周一会去。八年来，周周如此。

是非疑问句的好处在于，它不会给你留有任何欺骗自己的余地。无论怎样，它都会迫使你做出承诺。

因此，如果你开始为自己的行为找借口，或想要教导他人应该怎么做，那么试试这个方法：问问自己或他们一个简单的问题，这个问题的答案只能是"是"或"否"。当我们将注意力放在某个需要额外激励的地方时，这个方法就会变得非常有效。"我今天是否会去健身房？""我中午是否会吃健康的食物？"不要有任何解释。只要回答"是"或"否"。最近，我在我女朋友位于葡萄牙波尔图的住处附近跑步。此地以陡峭的山丘闻名，当我跑到一座陡峭到近乎垂直于地面的山峰前时，问题或行为效应拯救了我。我问自己："你会继续跑，中间不停歇，直到山顶吗？"我告诉自己"我会的"。我无法对此有所解释，但出于某种原因，这真的有效。我最终一步不停地跑到了山顶。这个问题扼杀了我可能让自己停下来的任何借口，而且让我有了一个自己不愿打破的承诺。

你可以借助问题或行为效应来帮助他人：问问朋友或挚爱的人，"你会吃得更健康吗"或"你会争取晋升吗"。这种温和的质问已经被反复证明能带来可靠的、有意义的改变，并且能够鼓励人们做最好的自己。

你也可以在工作中使用这个方法。如果你是餐厅的服务员，正在为一桌开心的顾客服务，那么你不必在收盘子的时候对他们说"希望你们用餐愉快"；相反，你可以在递送账单时，也就是他们决定是否付小费之前问一句"我们的餐品如何？"，就像里根总统告诉我们的那样，当事实清楚地站在你这一方时，提问就会成为极其强大的工具，从而激发你所希望的行为。

☆ 法则：问胜于说——问题或行为效应

如果你希望创造积极的行动，那么不要陈述，问一个是非疑问句。如果回答"是"可以让他们更接近自己想要成为的人，他们就会回答"是"。一旦他们给了肯定的回答，这个回答就更有可能成为现实。

就你的行动提问，而你的行动

将会给出答案。

法则 7
永远不要在自我叙事上妥协

这条法则介绍了一个你可能从未听说过的概念，即"自我叙事"。该法则会让你了解你的自我叙事如何决定你的人生成就，可以为你撰写更好的自我叙事提供秘密策略，从而让你实现伟大的抱负。

"许多人不知道……"小克里斯·尤班克（Chris Eubank Jr.）边说边带着一点不太轻松的感觉从他的椅子上探出身来。

小克里斯·尤班克是拳击名人堂传奇人物克里斯·尤班克的儿子，为了准备这本书，他来到我家接受我的采访。

小克里斯·尤班克继续说道："实际上，作为一名拳击手，我有 80% 的精力用在了精神上。你要有胆量、勇气和毅力，才能从人群中走出来。当你在走路的时候，你要知道，一旦来到拳击台，走上台阶，你就要脱掉外套。钟声即将敲响，你必须与人战斗。在全世界数百万观众面前，你不得不被打，也不得不去打对方。因此，这个地球上的大多数人走不完这一小段通往拳击台的路，仅仅走上这条路就需要巨大的精神力量。"

我说："你认为你可以训练人们具备这种精神力量吗？"

小克里斯·尤班克说："我觉得你可以做到。我看到有拳击手发展出这种能力，而且你需要这种能力。说到底，在训练、对抗和比赛中，我们总有被打的时候。这时你会对自己产生怀疑。我到底在这里做什么？我会没事吗？我可以打败这个人吗？我应该放弃吗？我应该找个方式退出比赛吗？这打得太狠了。要知道，每个拳击手都经历过这样的时刻。"

我说："那么，你认真考虑过退出比赛吗？"

★长久的停顿★

小克里斯·尤班克说："有一次我差点儿就放弃了。那是在我还没有成为职业拳手之前，我去了一趟古巴。那里的人都是'怪物'。一次我走进拳击台，打算进行一场常规的对抗训练，这时古巴重量级的奥运选手走上台阶，进入拳击台。我以为他是来进行热身的。但他们说，'不不不，你们要对打'。当时我想，'什么？他的体型是我的三倍，你们是怎么想的'。他们说，'不，他将和你一起训练，进行一场常规的对打'。因此，我觉得没什么问题，好的，那就让我们开始吧。

"第一回合的铃声响起，这个家伙向我扑来，开始攻击我。这是我挨过的最狠的拳头，砰砰砰，我左躲右闪，在拳击台里一直跑。而他一直冲着我来，我实在无法躲开。

"砰砰砰，他把我打出了拳击台！我从 4 英尺①高的台上摔在了硬邦邦的水泥地上。我的膝盖撞到了地面，我的腿彻底动不了了。我试着站起来，但我的腿完全不听使唤。我抬起头，看到这个古巴重量级选手正倚在围绳上，俯视着我。当时，我仿佛位于精神的十字路口，我要做一个决定。我是应该说'我的膝盖受伤了，并且你太壮了'，还是应该说'我要回到拳击台'呢？我坐在水泥地上，看着四周，人们都盯着我，我的父亲也在场。我做了一个决定。你知道吗？当时，我想的是，该死的，那就上吧！我回到了拳击台，古巴人又开始对我发起两轮痛苦的进攻……但我当时唯一能想到的就是，我必须打满三个回合，因为我说过我要打满三个回合。我不能就这样离开，不能让所有人都知道我退出了。因为我无法接受这样的自己。虽然我还得回家睡觉，但如果有人逼我退出，那么我是睡不着的。于是，我回到拳击台，像个男人一样挨打。从那一天起，我再也不害怕了。这是我人生中最惨痛的经历，也是最好的经历。因为我知道我能做什么。我知道我有不放弃的勇气。如果他都不能让我放弃，还有什么可以阻挡我呢？没有人。在之后的职业生涯中，这个信念一直伴随着我。"

我说："这非常了不起。你说这件事的时候，就好像在为

---

① 约 1.22 米。——译者注

你书写自己的故事，这个故事对你今后的行为非常重要。"

小克里斯·尤班克说："没错，这种情况在训练中最常见。有几次我在跑步机上跑步，我的小腿抽筋了，但我还要跑 8 分钟，因为我在计时器上设置的是 40 分钟，而我已经跑了 32 分钟。刚开始抽筋时，我用一条腿使劲跑，简直就是一瘸一拐。但如果跑步机可以让我放弃，那么当我上场比赛被人打到受伤的时候会怎样呢？对方也会让我放弃。因此，这一点十分重要，它让我相信，我是那种无论遇到多大困难都能找到解决之道的人。

"不管有没有人在看，也不管有没有人知道我放弃了。哪怕在没有人看的时候，你也不能放弃。永远都不要有放弃的念头，你必须把这个恶魔挡在心门之外。如果你常常让它进入你的内心，它就会占据你的心！"

我厌恶训练的每一分钟，但是我要说，"不要放弃。现在吃点苦，后半辈子当冠军"。

——穆罕默德·阿里（Muhammad Ali）

☆你的自我叙事给你带来"心理韧性"

美国陆军是世界上非常强大的军队。每年大约有 1300 名学员进入以要求严格而闻名的西点军校。入校时，他们要接受

"野兽计划"（Beast Barracks）的训练，这是一系列难度极高的挑战。研究西点军校学员的人士称，这些挑战是为"检验学员心理承受能力而专门设计的"。

当我看到这项研究时，我和大多数人一样，认为那些最有耐力、最有智慧、最有体力以及最有运动能力的学员会成功。但是，当宾夕法尼亚大学的研究员安吉拉·达克沃斯（Angela Duckworth）研究了他们的成就（更确切地说，她研究了他们的韧性、毅力和热情对达成目标的能力的影响）之后，她发现了一些非常令人惊讶的事情。

达克沃斯跟踪调查了两个新生班的近 2500 名学员，对比了多项指标，包括学员高中时期的排名、高中毕业生学术能力水平考试（SAT）分数、体能测试成绩和勇气量表评分（用 1 至 5 分来衡量对长期目标的毅力与热情水平）。

事实证明，让我们准确评估学员是否能够顺利通过"野兽计划"的指标并不是体力、智力或领导力，而是心理韧性加上实现长期目标的决心。毅力是最重要的。信不信由你，只要勇气量表上高出一分，学员通过"野兽计划"的可能性就会高出 60%。

研究不断表明，你的自我叙事和你所拥有的"心理韧性""勇气"或"心理弹性"对实现一个人的事业和人生目标来说比其他任何东西都重要。了解这一点非常关键，因为尽管你在自己的身体素质或与生俱来的能力方面不能做太多改变，但你还是可以做许多事情来构建你的自我叙事。

　　不幸的是，我们的自我叙事不仅会受到我们收集的有关自己的第一手信息的影响，也会被身边人的刻板印象影响。如果你所在的社会抱有"黑人的能力不如白人"的成见，而你是一名黑人，那么你很可能会将这种观念内化，使之成为你的自我叙事的一部分。科学研究表明，仅仅这一种刻板印象就会极大地影响你的自我叙事、你的表现，并最终影响你的结局。

　　八岁那年，我在学校的更衣室里迫不及待地穿上泳裤，准备去上我的第一节游泳课，这时一个同学转过身来，随口说道："你知道黑人不会游泳吗？他们的身体构造不同，所以今天的课对你来说可不容易！"我有英国和非洲国家血统，因此在那一刻，那句不经意的话不仅让我的兴奋烟消云散，也打消了我对自己能够学会游泳的信心。不用说，那堂游泳课，我上得并不顺利。我像只落水狗一样到处扑腾，最后上到一半就放弃了。我用了18年时间，在有人用可信的方式让我相信这不是真的之后，才最终学会了游泳。

　　1995年发表的一项引人注目的研究，用"启动效应"（priming）来说明这种"刻板印象威胁"对自我叙事的影响。

　　研究人员对一组学生进行了一项难度很大的词汇测试。但在测试开始前，他们向部分黑人学生询问了有关种族的问题。令人吃惊的是，被问及种族问题的黑人学生在测试中表现得更差，其得分低于白人学生和未被问及该问题的黑人学生。重要的是，当这些学生未被问及类似问题时，他们的得分不相上下。

负面的刻板印象对一个人潜移默化的影响不仅体现在种族问题上。在另一项研究中，研究人员要测试的是"女生的数学不如男生好"这一有害的迷思。在对男女大学生进行测试前，一些参与者听到研究人员说，通常情况下男女参与者在这项测试中的得分是不同的；而另一些参与者则被告知，此前男女参与者的得分差不多。

从研究人员那里听到负面评价的女生表现得明显更差。与男生相比，她们表现出明显的焦虑感，而且对自己表现的期望更低。这项实验证明了此前的研究，当参与者听到针对其性别的评论时，刻板印象威胁就会产生，而他们的表现也将随之变差。

如果一名女生可以撇开自己的身份，改变自我叙事，在参加测试时假装自己是别人，那么会发生什么呢？

一位名叫张深（Shen Zhang，音译）的研究人员对此进行了测试，给 110 名女大学生和 72 名男大学生出了 30 道多选数学题。在测试开始前，每个人都被告知，男生比女生更擅长数学。此外，一些志愿者还被告知要用自己的真名参加测试，而另一些则要求用四个假名中的一个完成测试，这四个假名是雅各布·泰勒（Jacob Tyler）、斯科特·莱昂斯（Scott Lyons）、杰茜卡·彼得森（Jessica Peterson）和凯特琳·伍兹（Kaitlyn

Woods）。

结果，男生在测试中的表现优于女生。但令人震惊的是，使用化名的女生比没有使用化名的女生表现得更好，无论其化名是男生名字还是女生名字。而且重要的是，使用化名的女生和男生表现得一样好。

这项测试彻底证明了在测试和访谈中使用避开姓名的替代性身份的方法的优点，用研究人员的话说，这样做有可能让"被污名化的人脱离威胁情境"，重要的是，这么做"消除了负面的刻板印象"。

☆ 在健康、工作和生活方面打造有力的自我叙事的科学

小克里斯·尤班克的自我叙事是科学家和心理学家所熟知的一种理论，即"自我认知"（self-concept）。它是我们关于自己是谁的信念，包括我们对自己的所有看法和感受——身体上的、个人的和社会的。它是我们对自己的能力、潜力和胜任力的信念。

我们的自我叙事在幼儿期和青春期发展得最快，但随着我们在整个成年生活中收集的有关自己的证据不断增加，它还会继续发展和变化。

你的自我叙事给你带来心理韧性

心理学教授法特瓦·坦塔玛（Fatwa Tentama）指出，个人的韧性受到积极的自我叙事的影响。拥有积极的自我叙事的人更乐观，能够在逆境中坚持得更久，可以更好地处理压力，并且更容易实现自己的目标。

自我认知不高的人会认为自己软弱无能、不受欢迎，他们会对生活失去兴趣、感到悲观，而且会更轻易地放弃。

——劳拉·波尔克（Laura Polk），科学家和领导力专家

印度尼西亚日惹梅尔库布阿纳大学的科学家艾卡·阿里亚尼（Eka Aryani）对学生进行了一项研究，旨在了解自我叙事和韧性之间的关系。研究结论显示，在成就"坚韧心理"的因素中，"自我叙事"的影响占 40%，另外 60% 的影响则来自个人的实际能力、家庭因素和社会因素等。

那么，我们该如何改善我们的自我叙事，让自己变得坚韧而乐观，同时能够实现自己的目标，从而在逆境中坚持不懈呢？

打造一段更强大的自我叙事

你也许听说过传奇大学篮球教练约翰·伍登（John Wooden）的名言："检验一个人的品性的真正标准在于无人注视时这个人的表现。"这句话并没有错，但根据科学研究，一个人的品性也是在无人注视时产生、发展和破灭的。

你所做的每一件事——无论有没有人注视——都能证明你是谁和你的能力。

正如我们在法则 3 中所看到的，第一方证据，也就是你用自己的感觉所感受到的一切，是迄今为止对建立和改变信念来说最有力的证据。

假设你一个人在健身房举重，你已经做到最后一组，还需要再重复十次就可以完成锻炼。当你做到第九次时，你的肌肉感觉"燃烧"了起来，你该怎么做呢？

此时，你的选择似乎无关紧要。但我们所做的每一个决定都会在当天的自我叙事中写下强有力的第一方证据，证明我们是谁，我们如何应对逆境，以及我们能做什么。

这些证据不仅会在健身房中实现自我加强的作用，还会渗透到你的生活中的其他方面，不间断地影响你的行为。

当你遇到困难时，这些证据会悄然告诉你："把重量降一点吧""放弃吧""记住，你做不了这些的"。科学表明，相比充满毅力、克服困难和胜利的故事，消极的自我证据会在你面对逆境时给你带来更多压力，让你变得愈发担心和焦虑。

我们对自己的信念造就了我们的想法和感受，我们的想法和感受决定着我们的行动，我们的行动创造了我们的证据。为了创造新的证据，我们就必须改变自己的行动。

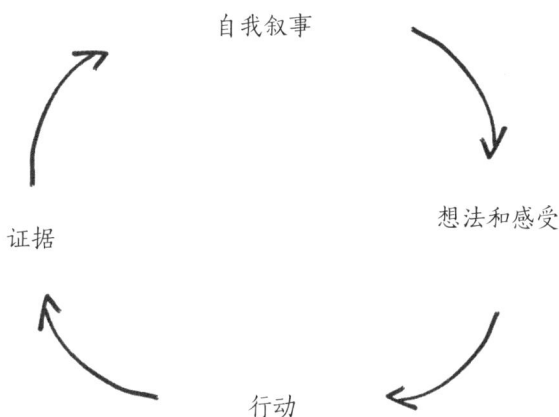

因为做完第九次就停下来更轻松，所以你要选择做完第十次；因为回避谈话更轻松，所以你要选择进行艰难的对话；因为保持沉默更容易，所以你要选择多问一个问题。抓住一切机会向自己证明，你有能力战胜生活中的各种挑战。如果你这么做了，也只有这么做，你才能真正具备克服生活中的种种挑战，这就是强大的、积极的、有底气的自我叙事。

☆法则：永远不要在自我叙事上妥协

心理韧性是实现持久成功的重要条件，而它主要源自积极的自我叙事。为了构建你的自我叙事，你需要证据，而这些证据来自你在逆境中做出的选择。你要警惕那些负面的证据，它们会对你的自我信念和行为产生长期的隐性影响。如果一个八岁的孩子说你不能游泳，你就让他走远点。

最能说明一个人未来能够有新成就的标志就是，这个人当下开展的新行动。

法则 8
永远不要试图改掉坏习惯

　　这条法则揭示了一些关于你如何改掉坏习惯的令人惊讶的真相。该法则告诉你为什么试图改掉坏习惯往往是一种会导致反弹的失败策略，以及你到底应该怎么做。

　　在成长的过程中，我常常担心父亲会死掉。

　　在我十岁前的某一天，我和我的兄弟姐妹发现爸爸是一个秘密烟民。他之所以瞒着我们，可能是因为他不希望我们效仿他的习惯吧。但是，当我们发现他的微型雪茄之后，他开始当着我们的面抽烟了。

　　让我惊讶的是，他过去只在车里抽烟。他从不在聚会上抽烟，也不在家里或者工作时抽烟。为了让他戒烟，我做过几次巧妙的尝试，但都失败了。直到十年后的某一天，我无意中引导他最终戒掉了长达 40 年的烟瘾。

为了说明这件事到底是怎么发生的，我需要简单地说明一下习惯是如何养成的。

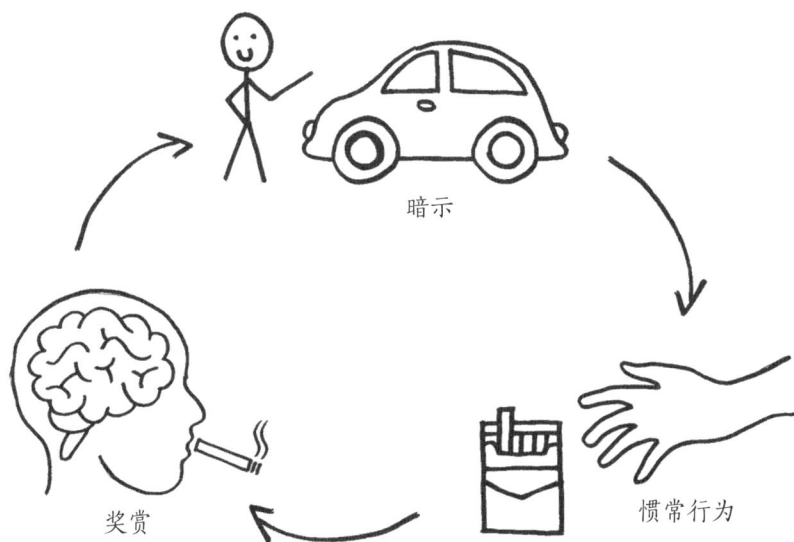

查尔斯·都希格（Charles Duhigg）在《习惯的力量》（*The Power of Habit*）一书中提出了"**习惯回路**"（habit loop）的概念，他在书中探讨了习惯养成的方式和原因。简而言之，习惯回路由三个要素构成。

● **暗示**：习惯行为的触发器（例如，一场令人倍感压力的会议或负面事件）。

- 惯常行为：习惯行为（例如，抽烟或吃巧克力）。
- 奖赏：从事习惯行为后的结果或影响（例如，感到放松或快乐）。

☆ ☆ ☆

18岁从大学辍学后，我建立了我的第一家科技初创公司，当时我在阅读尼尔·埃亚尔的《上瘾》（*Hooked*）一书。这本书阐释了大型社交媒体公司和科技公司如何利用习惯回路让用户对其产品上瘾。在阅读这本书期间，我有一天回了趟家，不小心把这本书落在了卫生间里。

我的父亲喜欢在上厕所的时候看书，于是他读了这本书。这本书让他了解了自己的习惯回路，他最终也认识到了暗示（他的车）、惯常行为（打开车门、摸出香烟、点燃一根）和奖赏（尼古丁让他的大脑释放多巴胺）都是导致他抽烟的因素。

第二天，他走到车里把烟拿了出来，在烟盒里放上棒棒糖，从此再也没抽过烟。这个习惯回路被打破了，一种全新的、成瘾性更低的习惯取而代之，父亲的健康状况也因此得到极大改善。

无论我的父亲是否意识到了这一点，科学表明，他所做的最重要的事情不是试图改掉坏习惯，**而是用成瘾性更低的奖赏**

（棒棒糖）取代了习惯回路的最后一个环节。

一些令人难以置信的科学研究揭示了试图改掉坏习惯的做法有多么愚蠢，以及为什么人们在这么做的时候总是反弹。

你是否留意过，当你过度专注于戒掉某个习惯时，你最终会反弹，而且这个习惯会愈演愈烈？

这是因为我们都是行动导向的生物，而不是非行动导向的生物。我们在法则 3 中已经认识的塔利·沙罗特这样告诉过我：

> 为了得到生活中的美好事物，无论是巧克力蛋糕还是升职，我们通常需要采取行动并做些什么来争取它们。因此，我们的大脑已经习惯了将行动与奖赏关联起来。当我们渴望美好的事物时，"行动"信号被激活，让我们更有可能采取行动——而且要快。

沙罗特描述了一个实验：有的志愿者被告知按下按钮可以获得奖励（得到 1 美元），有的志愿者被告知按下按钮可以避免损失（失去 1 美元）。不出所料，按下按钮获得奖励的人比按下按钮避免损失的人做得快得多。

大脑会将行动与奖赏关联起来，因此你需要通过行动来获得相匹配的奖赏。

此外，一些研究也表明，你越是试图抑制某种行为或想法，就越有可能采取这种行动或产生这种想法。这充分证明了显化的力量，即心想事成，但这也进一步证明，试图戒掉某种习惯是一种愚蠢的策略。

2008 年，《食欲》（*Appetite*）杂志刊载的一项研究发现，试图不去想吃东西这件事的志愿者比不这么做的志愿者吃得更多。前者表现出所谓的"行为反弹效应"（behavioural rebound effect）。

无独有偶，2010 年，《心理科学》（*Psychological Science*）杂志的一项研究发现，试图不去想抽烟这件事的烟民实际上比不这么做的烟民抽得更多。

这让我想起我 18 岁时，我的机动车驾驶教练给过我一个小小的建议："史蒂文，你的眼睛看向哪里，车就会开向哪里。如果你想避免撞上路边的汽车，你就不要盯着路边的车看，因为你会向着路边的车开去。向前看，向远处看，看向你想让汽车去的地方。"

这似乎是对打破习惯和养成习惯的一个非常恰当的比喻：到头来，你会去做你所专注的事情，所以不要把注意力放在戒烟上，不要试图戒烟，把重点放在想用来取代抽烟的行为上。

俄勒冈大学社会与情感神经科学实验室主任埃利奥特·伯克曼（Elliot Berkman）表示，如果你是一名抽烟者，并且你告诉自己不要抽烟，但你的大脑听到的还是"抽烟"二字。相反，如果每当你想抽烟时，你都告诉自己去嚼口香糖，你的大脑就有了一个更积极的、以行动为导向的目标。这就解释了为什么那些棒棒糖会让我的父亲戒烟。他不仅仅把香烟从汽车车门上拿了出来，而且让大脑有了全新的关注目标——吃棒棒糖。

☆ 如果你想要戒断一个习惯，多睡觉

"你什么时候睡觉？"在过去十年里，几乎每周都有人问我这个问题，提问者包括主持人和记者等，多到我记不清。这个问题背后的假设（它一直令我感到困惑）就是，我不可能在获得广泛的职业成功的同时还能保证充足的睡眠。但事实恰恰相反，我通常睡得挺好，我不会在上午 11 点前安排任何会议、电话或约会，我也很少使用闹钟，因为我一直明白，睡眠是成功的基础，而不是阻碍。

"压力过大时，你不太可能做你不想做的事情。"斯坦福大学心理学教授罗素·波德拉克（Russell Poldrack）如是说。例如，当你有压力时，你更有可能通过糖、食品、药物或酒精等形式寻求多巴胺的刺激。

因此，为了坚持新习惯，并在早期重复足够多的次数，让大脑中的神经元一齐开动和形成回路，最重要的就是，要保持

低水平的压力，尤其是在养成新习惯的早期关键阶段。

　　而你可以做的最有效的事情也是最简单的：晚上睡个好觉。从社交生活到抽烟习惯，无论你想改善什么，睡眠都会有所助益。

　　如果你想要强健身体，那么充足的睡眠可以提高你的速度、力量和耐力。如果你想要在工作上有更好的表现，那么睡眠不足只会让你更低效。如果你是一名管理者，那么睡眠不足还会让你不够专注、不够开心，甚至让你缺少职业道德。

　　如果你想要减肥或吃得更加健康，那么睡眠不足会降低瘦素（leptin）水平。瘦素是一种向身体发出饱腹信号的激素。睡眠不足还会导致被称为"饥饿激素"的胃泌素（ghrelin）相应增加，这种激素会引发食欲大增和脂肪囤积，从而让你选择不健康的食物。

　　因此，如果你想要戒断旧习并养成新习惯，那么请忘却所有复杂的窍门或技巧，将注意力放在最基本的事情上。如果**感觉良好，压力不大，晚上睡了一个好觉**，你就会成功。

☆ 不要一次养成多个习惯

　　我们都知道，意志力是成功的关键。但在大约 25 年前，人们还将意志力简单地视为一种一旦形成就将保持不变的技能。正如纽约州立大学奥尔巴尼分校教授马克·穆拉文（Mark

Muraven）在他攻读博士学位期间所指出的那样，意志力似乎会随着我们使用它的次数的增加而减弱。

1998 年，他做了一个著名的实验。他在实验室里摆放了一碗萝卜和一碗刚出炉的饼干，然后请来两组人，让他们相信这是一场有关味觉感知的实验。第一组参与者被告知他们可以吃饼干，但不要吃萝卜；第二组参与者则被要求不吃饼干，只吃萝卜。

实验开始五分钟后，一名研究人员进入房间。在休息了15 分钟之后，这名研究人员给两组人都出了一道不可能完成的谜题。

由于之前没有使用意志力，所以吃饼干的那组人非常放松。他们一遍遍地尝试解谜，有些人一做就是半个小时。在放弃之前，吃饼干组平均耗时 19 分钟。

而吃萝卜组的表现则完全不同，他们不得不克制自己不去吃美味的饼干，而这消耗了他们的意志力。他们变得非常沮丧，十分气恼。有些人无助地趴在桌子上，有些人则大发脾气，反对整个活动，抱怨说这是在浪费他们的时间。吃萝卜组的参与者在放弃前平均耗时 8 分钟，这个时间还不到吃饼干组的一半。

在这项研究之后，不少研究人员通过实验证实了"意志力耗竭"的现象。也就是说，意志力并不是一种简单的技能，更像一种肌肉，而且和我们身体中的任何一块肌肉一样，在大量使用之后会感到疲劳。在某个实验中，参与者被要求不要去想某些事情，但当研究人员试图逗笑他们时，他们无法抑制笑声。在另一个实验中，参与者被要求在观看催泪影片时克制自己的情感；而在接下来的体育测试（非情感测试）中，他们和吃萝卜组的参与者一样，很快就放弃了。

如果这里的科学结论是正确的，那么意志力就是一种有限的资源。因此，很明显的是，当你在努力养成新习惯并戒除旧习惯时，你给自己的压力和约束越大，你实现这些目标的可能性就越小，反弹的概率也就越大。

这就是改掉坏习惯是一个坏主意的原因，它会消耗你的意志力，增加你回归旧习惯的可能性。这就是不可持续的速成减肥法不会奏效的原因。如果你觉得自己正在剥夺你真正想要的某些东西，那么你几乎一定会失败。这也是在 2014 年的一项研究中，近 40% 的人表示他们未能坚持新年计划的原因在于目标不可持续或不切实际，10% 的人表示他们之所以失败是因为目标太多。

这就是为什么确保你的习惯足够微小、足够可实现且足够可持续（无须做出耗费你所有意志力的重大牺牲）是非常重要的。这就是你不应该试图同时戒除你想放弃的所有习惯的原因。这也是目标越少，你完成目标的可能性就越大的原因。如果你有太多宏大的、不切实际的、以牺牲为中心的目标，那么你的意志力将会不堪重负，直至耗尽，而你也将失败，并让旧习惯反弹。

这也是为什么那么多心理学家和科学家发现，养成新习惯的最好办法不是戒除旧习惯或剥夺自己的奖赏（这么做只会适得其反），而是**寻找新的奖赏、更健康的奖赏和不那么容易上瘾的奖赏**，但一定要确保你始终对自己有奖赏。

☆法则：永远不要试图改掉坏习惯

如果你打算克服某个习惯，那么不要试图改掉它。按照习惯回路的原理去做，用积极的行动来取代它。不要试图一次性戒除多个坏习惯。你想要戒除的习惯越多，你成功的可能性就越低。在创造新习惯的同时，务必好好照顾自己并尽量获得充足的睡眠。

睡觉、起床、动起来。

微笑、大笑、聆听。

阅读、积累、补充水分。

坚定、增进、创造。

习惯成就未来。

法则 9
始终将健康放在第一位

这条法则告诉你，大多数人优先考虑的事项是错的，这会敦促你将健康重新放在优先考虑的位置上，这样你才能够活得足够久，从而享受其他优先事项。

在内布拉斯加州奥马哈市，世界前首富沃伦·巴菲特（Warren Buffett）坐在一群大学生面前，向他们提出了自己最重要的建议：

> 16 岁时，我只想两件事——女孩和汽车。我不擅长与女孩交往。因此，我选择汽车。当然，我也想找女朋友，只是我在汽车方面的运气更好。
>
> 这就好像在我 16 岁那年，有个精灵出现在我面前。精灵对我说："我会给你一辆你想要的车。第二天早晨，

车就会到，而且上面会系一个大大的蝴蝶结。车是全新的，它是你的了！"

因为听说过各种精灵故事，所以我会问："需要什么条件呢？"精灵会说："条件只有一个……这辆车是你人生中的最后一辆车。因此，你要用它一辈子。"

如果事情真的是这样的，那么我一定会选一辆车。但当我知道我必须一辈子都只用这辆车时，我会怎么做呢？

我可能会把汽车手册读上五遍。我会把车停在车库里。如果有一点小凹痕或刮痕，我就会立即修复它，因为我不想让车生锈。我会好好爱护这辆车，因为它将伴随我一生。

而这就是你的身心所处的位置。你只有一个头脑、一副身躯，它们将伴随你终身。而现在，让它们连续驰骋多年是一件容易的事情。

但如果你不好好保养你的头脑和身体，那么40年后，它们就会像汽车一样报废。

你今天所做的一切，决定了10年、20年、30年后你的身心将如何运转。

你必须好好照顾它。

之前，我一直把工作、朋友、家人、狗狗和物质财产放在首位。

直到 27 岁那年，我和世界上其他所有人共同目睹了新冠病毒席卷全球文明，造成 600 多万人死亡的悲剧。

由于年轻时身体条件优越，直到那时我都天真地以为"健康"是理所当然的。老实说，我并不在意健康，我更关注外表，我想要练出六块腹肌。但实际上，我从未思考过"保持健康"这件事。

我认为，新冠疫情给我们大多数人造成了心理创伤。但如果对我来说还有一线希望的话，那就是这几年的创伤在我的脑海中刻印了无可辩驳的真理：**健康才是我的头等大事**。

一个国际研究小组宣布，从数十篇经同行审议的论文中收集的近 40 万名新冠患者的数据显示，感染新冠病毒的肥胖症患者急需住院治疗的可能性要高出 113%。不健康的人群患病死亡的可能性要大得多。

我始终坚信没有人会相信自己会死，我们的生活方式、我们担心的琐事以及我们对风险的厌恶都清楚地证明了这一点。然而，新冠疫情将死亡带到了我们的家门口，我有生以来第一次近距离地亲眼见证了死亡。这让我开始思考死亡的可怕、解脱和捉摸不定的特点。

凝视死亡那清晰的面庞，我看到了自己在生活上的优先排序是多么糟糕。我可以看到我的工作、我的好友、我的狗狗、我的家人和我所拥有的一切，而这些都只是我碰巧摆放在我的健康基石上的东西。

生活可以从这块基石上拿走任何东西，就像它经常做的那样，但我仍然拥有基石上的其他东西。虽然生活可以拿走我的狗（但愿不会），但我还拥有这块基石上的其他东西。即使生活可以拿走我的朋友，我也还有其他东西。但如果生活拿走了这块基石，也就是我的健康，那么所有东西都会掉下来，我将失去一切。

一切都取决于这块基石。

一切都取决于我的健康。

健康是我的第一根基。

因此，从逻辑上说，我的健康必须是我的第一要务，日日如此，永远如此。

最重要的是，接受这一现实，将健康当作我的第一要务，让我的生命得到延续，这样我就可以享受其他所有的优先事项，比如我的狗狗、朋友、家人甚至更多。

最大的感恩莫过于<u>照顾好自己</u>。

这个认识改变了我的生活轨迹。在过去三年里，我彻底改变了饮食习惯——减少糖、加工食品和精制谷物的摄入。我开始每周锻炼六天，一周也不落下，我也大幅增加了水、蔬菜和益生菌的摄入量。

客观地说，我很健康。这当然不错，而且我的感觉也非常棒。这给我生活的方方面面，包括我的视野、效率、睡眠、人际关系、情绪、自信，都带来了深远的积极影响，以至于我在写这本书的时候，不能不把打好"第一根基"作为一条不可回避的伟大法则。

那些认为自己没有时间锻炼的人迟早会有时间生病。

——爱德华·斯坦利（Edward Stanley）

☆法则：始终将健康放在第一位

照顾自己的身体，毕竟身体是你所拥有的唯一"交通工具"，是你用来探索世界的唯一工具，也是你唯一可以真正称之为"家"的房子。

健康是你的第一根基。

THE DIARY OF A

CEO

第 二 部 分

第 二 部 分

故 事

法则 10
无用的荒唐事比有用的实例更能说明问题

这条法则告诉你如何以 1% 的预算让你的宣传或产品信息传播十倍的距离，同时覆盖多达十倍的人群。

我在 20 岁时创办了我的第一家营销公司。公司业务发展的速度远远超出我的经验所及范围。创办公司一年后，我接受了来自我们最大客户的 30 万美元投资。

当给一个没有经验、年龄 20 岁、第一次做 CEO 的小伙子一大笔钱（比他这辈子见过的钱还要多）时，你要知道他很可能会用这笔钱去做一些非常愚蠢的事情。而这恰恰描述了后来发生的事情。

我在英格兰北部的曼彻斯特租下了一个面积高达 15000 平

方英尺①的仓库，租期十年，这个仓库可以容纳数百名员工，但当时我们只有十个人。

在为团队购买办公桌之前，我已经建造了一个夹层，设置了一间游戏室，这样我们可以在那里玩电子游戏。考虑到从游戏室走出来需要楼梯，我决定用1.3万英镑买一个巨大的蓝色滑梯，它的底部带有一个大型的海洋球池。

当办公桌到货时，我已经安装了一个篮球架、一个存货满满的酒吧和啤酒龙头，在办公室中央种了一棵大树，同时还安装了其他一些不成熟的设施。

在接下来的几年里，尽管员工的平均年龄只有21岁，但公司已经成为行业里最受关注、最常被提及、发展最快且最具颠覆性的公司。公司销售额的平均增长率连续数年超过200%，我们的客户也都是世界知名品牌，到我25岁生日时，员工数量已经增长至500人。

而在这个过程中，最令人惊讶的地方在于，我们从来都没有销售团队。

我们不需要销售团队，因为我们有一个巨大的蓝色滑梯。

我知道这听上去很疯狂，好像我在夸夸其谈，但实际上，在我们成立的最初几年里，驱动媒体宣传我们的最大因素就是那个蓝色滑梯。

---

① 约1393.55平方米。——译者注

　　所有报道过我们的主要媒体、电视频道、博客在提到我们时，都会提及这个巨大的蓝色滑梯，要么笑话它，要么对它十分在意。

　　截至公司成立三周年，这个滑梯已经被拍摄了数百次，许多记者希望我能躺在海洋球池里给他们摆拍，而这也成了我们办公室里的一个老梗。一旦有记者在前台表示要采访我，办公室里就会有人冲我喊道："快去海洋球池！"

　　例如，BBC、BuzzFeed（美国新闻聚合网站）、Vice News（美国数字新媒体网站）、英国电视四台（Channel 4）、英国电视五台（Channel 5）、ITV（英国独立电视台）、《福布斯》（Forbes）、《智族》（GQ）、《卫报》（The Guardian）、《每日电讯》（The Telegrah）、《金融时报》（The Financial Times），都排队来报道我们的故事，这些报道的头条图片几乎都是那张巨大的蓝色滑梯的照片。在BBC的一篇报道中，他们称我们的办公室是英国"最酷"的办公室，当Vice News来拍摄纪录片时，摄制组用了大量时间从不同角度拍摄了我们的海洋球池和蓝色滑梯。

　　事后看来，我们的整个创始团队都一致认为，我们做出的最好的财务决策就是用13000英镑去买了那个巨大的蓝色滑梯，尽管这个决定是无意为之的，而且有些愚蠢和幼稚。

　　诚然，在经营这家公司的七年时间里，我只看到这个滑梯被使用过几次，但衡量这个滑梯是否有用的标准并不在于它的预期目的，而在于它是否有效地传递了宣传信息。

这个滑梯向全世界宣传了我们，它告诉全世界，"这家公司与众不同"，"这家公司十分年轻"，"这家公司具有颠覆性"，以及"这家公司具有创新性"。这个滑梯比我们设计过的任何营销活动都更有力，而且更具说服性。

如果一张照片能表达千言万语，我们的蓝色滑梯就是一整本书。这本书讲述了我们的价值观、我们是谁、我们的信仰以及我们的行为方式。

我绝对不是要你花钱去买一个巨大的蓝色滑梯。我要告诉你的是，你的公众叙事不是由你所做的所有有用的事情来定义的，在很多情况下，甚至也不是由你所销售的产品定义的，而是由与你的品牌有关的一些**无用的**、**荒唐的属性**定义的。

我的一位朋友最近在一家名叫"第三空间"（Third Space）的健身房健身。这家健身房可以说是整个伦敦最大的高端健身房，足有三层楼高。为了说服我加入，他说："你应该来，这里实在太棒了，它在门口建了一面 100 英尺①高的攀岩墙！"

你发现他做了什么？他做了每个人都会做的事。他没说健身房有数百台健身器械，也没说健身房有非常有效的举重架和更衣室。他向我推销这家健身房的理由，其实是它所具备的最荒唐的特质。

---

① 30.48 米。——译者注

　　说实话，这一招奏效了。现在我已经成为这家健身房的会员，并在这里锻炼了一年多。在这段时间里，我没见过任何人靠近那面 100 英尺高的攀岩墙。

　　但是，当你听说一家健身房有一面 100 英尺高的攀岩墙时，你的潜意识可能会想，"如果一家健身房有一面 100 英尺高的攀岩墙，那么它一定什么都有"，或者"如果一家健身房有一面 100 英尺高的攀岩墙，那么它一定非常大"。如果你是Z 世代或千禧一代，那么你可能会想："如果一家健身房有一面 100 英尺高的攀岩墙，那么它一定有很多其他疯狂的东西，我可以在那里拍照，然后上传社交媒体！"

　　对一个品牌的宣传，更多是由其无用的荒唐之处而非其有用的属性决定的，你最荒唐的地方也最能说明你的一切。

☆ 特斯拉荒唐的营销战略

　　和某些竞争对手相比，特斯拉只用了很短的时间就成了世界上销量最好的汽车公司之一。特斯拉的 Model Y 是欧洲最畅销的汽车，而 Model 3 则是美国最畅销的豪华汽车。与此同时，特斯拉的广告预算为 0 美元。

　　就像我的营销公司无须销售团队，以及我的健身房不需要市场团队一样，特斯拉也不需要做广告，因为这是一个由其荒唐性驱动和定义的品牌。

特斯拉的车充斥着各种有意为之的荒唐功能，以供客户、媒体和公众去讨论、取笑和传播。大多数汽车公司将自己的车型定义为"舒适型""标准型""运动型"，而特斯拉却玩笑似的选择荒唐的方式，将自己的汽车命名为"疯狂型""狂野型""狂野+型"。

2019年，特斯拉新增"卡拉OK"功能，让车主把自己的汽车变成卡拉OK点唱机。2015年，斯特拉发布了著名的"生化武器防御模式"，可以保护司机免受"生化武器"的伤害。此外，特斯拉推出过"街机模式"，将汽车变成轮胎上的街机厅。特斯拉甚至给汽车增加"复活节彩蛋"，一些车主必须自行寻找隐藏功能，包括让汽车看起来像圣诞老人的雪橇，以及将前方道路变成彩虹。特斯拉还推出过"放屁模式"，让汽车的任何座位都能发出放屁的声音。

所有这一切都是不成熟的、荒唐的，就像我的蓝色滑梯一样。但当你深入研究社交收听数据时，你就会发现这些荒唐的属性制造的对话数量要比所有主要竞争对手的有用功能带来的对话总和还要多。

人们没有动力去思考、谈论或书写那些安于现状的事物，但他们有巨大的动力去分享那些嘲弄现状、打破现状的事物。

☆啤酒浴帮助酿酒狗赚了十多亿

独立啤酒厂牌酿酒狗（BrewDog）最近成了英国营业额增长最快的啤酒品牌。和大多数竞争对手相比，该品牌的经营年限短得多，其营销预算也只有其他全球型竞争对手的几分之一，而这些竞争对手已经经营了近两个世纪。但同样地，这种经济上的劣势并没有妨碍它的营销影响力，因为它的战略（暂且不论好坏）有意唤起荒诞的力量来传播它的信息。

酿酒狗有过这样一个策略：2021 年，当推出酿酒狗连锁酒店时，酿酒狗在每间客房的淋浴间里安装了放满啤酒的冰箱，让顾客边喝边洗。我敢肯定，没有人，至少没有正常人，会在沐浴间里使用啤酒冰箱，但在谷歌图片上简单搜索一下，你就会发现大量有关淋浴间里放着一台啤酒冰箱的酒店照片。该品牌最荒唐的地方恰恰说明了它的一切。

在没有直接说什么的情况下，啤酒冰箱的存在就已经向顾客发出了这样的声音："我们为啤酒爱好者而来"，"我们是一个朋克品牌"，"我们不恪守陈规"，"我们具有颠覆性"，"我们很幽默"，"这家酒店是为与众不同的人准备的"。同样地，如果你是年轻人，那么啤酒冰箱还会告诉你："这家酒店将给你的社交媒体提供精彩的内容。"

☆　☆　☆

如果"荒唐"有这么大的威力，那为什么不是每个人都向"荒唐"靠拢呢？因为大多数公司领导人、首席财务官和会计师要求从他们的营销活动、品牌与产品宣传活动中获得可以直接衡量的投入产出比。而我在这里所说的荒诞性难以衡量或量化，因此，就像市场营销、讲故事和打造品牌过程中的许多事情一样，你要么选择相信，要么选择不信。

在为世界领先品牌提供咨询服务的十年时间里，我亲眼看到，少数相信荒唐的力量且付诸行动的几乎都是公司的创始人（被任命的 CEO 通常更厌恶风险，对财务的控制力较弱，同时在品牌价值观上的说服力也相对较弱），他们的营销费用往往比竞争对手的高出十倍，而且他们似乎总是能在长远的时间里超越同行业的其他公司。最重要的是，与他们共事非常有趣。

如果你环顾周遭，你就会发现最有力的品牌故事都利用了荒唐、不合逻辑、高昂成本、低下效率和无厘头的力量，因为尽管保持惯例、保持与别人一样、保持理性是有用的，但这样做无法传达关于"你是谁"和"你不是谁"的信息。

意义是通过我们所做的那些不符合我们短期利益的事情，也就是我们付出的代价和我们所承担的风险来传达的。

——罗里·萨瑟兰，奥美广告集团副董事长

☆法则：无用的荒唐事比有用的实例更能说明问题

你会因为你所做的荒唐事而出名。你无须说一个字，这些荒唐事就可以代替你说明你的一切。荒唐事的成本更低、效果更好，而且更有趣，但它并不适合胆小的人，它适合冒险者、傻瓜和天才。

人们忽视常态，却会为荒唐事买单。

法则 11
不惜一切代价拒绝做背景墙

这条法则将教给你一种方法，让你在每一次写作、演讲和制作中都能抓住人们的注意力。这是世界上最知名的故事讲述者、营销者和创作者的根本秘诀。

"我打算切掉我的手臂。"

整整六天，亚伦·罗尔斯顿（Aron Ralston）在极度痛苦中度过了相当长的一段时间，最终凭借自己顽强的意志、令人敬畏的希望和人类与生俱来的强大生存工具（存在于我们每个人的身体系统之中），让自己彻底过滤了这一痛苦。他将自己的手臂从身体上切了下来。

那是 2003 年的春天，罗尔斯顿独自驾车前往犹他州的摩押，他在壮观的光滑岩（Slickrock）步道骑行，并用了几天时间独自攀登峡谷，为当年晚些时候攀登阿拉斯加麦金利山做准备。4 月 26 日，他爬上蓝约翰峡谷，走了 5 英里[①]，一块巨石堵在了峡谷两壁之间。当他缓慢通过时，一块重达 800 磅[②] 的石头松脱掉落，将他的右手臂砸进了峡谷岩壁之间。

他的手被砸得血肉模糊，而且他完全无法移动巨石。他被困住了。他没有告诉任何人他在哪里，只带了一袋水和几根零食棒。几天之后，人们才发现他失踪了。

罗尔斯顿陷入了困境。

他一度试图让自己的手臂解脱出来。但在经历了信念的丧失、震惊和绝望之后，他最终镇定下来。

他随身携带的一把廉价的多功能小刀是他通往自由的唯一可行之道。在接下来的几天里，他试图用小刀凿开巨石，但没有成功。接着，他试图凿开峡谷的岩壁，又失败了。时间在流逝，最初他有 3 升水，但现在只剩下 1 升水了。

据他回忆："我克服得了痛苦，战胜得了恐惧，但无法克服身体对水的需求。"

罗尔斯顿已经在峡谷中被困了五天。在别无选择的情况下，他决心做一件难以想象的事情。他用那只自由的手收拾好自己的东西，然后深吸一口气，准备砍断自己的手臂。

他盯着那脏兮兮的刀刃看了一会儿，然后将刀插进自己被困的手臂中。这场截肢历时一个多小时，最终成功了。他还有

---

① 约 8.05 千米。——译者注
② 约 362.87 千克。——译者注

知觉，还活着，而且重获了自由。

他筋疲力尽，浑身是血，但又感到如释重负，肾上腺素飙升，他走出了峡谷。在走了 6 英里①之后，他遇到了一些游客，他们把他带到了安全的地方。

令人震惊的是，罗尔斯顿在自己的书中以及在讲述他的这场磨难的电影《127 小时》（ 127 Hours ）中，对自己的这段困境都表现得毫无感情色彩，专注而平静。

"其他一切东西——痛苦、求救念头、意外——全都消失了。我只是在行动。"他说。

这虽然是一个极端的例子，但凸显了人类大脑与生俱来的一种求生工具：大脑能够过滤掉它认为不相关的信息，让我们专注于对我们的生存和福祉更重要的全新的、陌生的信息，哪怕这些信息是以令人难以想象的痛苦、严峻的情形或绝望的感觉的形式出现的，就像罗尔斯顿的遭遇一样。

在描述受伤的情况时，罗尔斯顿在书中写道："也许最奇怪的事情是我并没有因为受伤而感到痛苦，我当时所处的环境有太多问题，以致这种痛苦并不重要，而且不足以引起我的大脑的注意。"

罗尔斯顿所说的，就是令人难以置信的一种心理现象——习惯化（ habituation ）。

---

① 约 9.66 千米。——译者注

☆ 习惯化

习惯化是一种内在的神经机制，能够帮助我们专注于重要的事情，同时将我们的大脑不需要关注的事情过滤掉。

伊利·威塞尔（Elie Wiesel）是纳粹大屠杀幸存者之一。在第二次世界大战期间，他曾被囚禁在奥斯威辛集中营和布痕瓦尔德集中营。他描述了他和狱友们如何不断遭受暴力和死亡威胁，以及集中营里出现的恐怖声音和可怕气味。但随着他们待在集中营的时间越来越长，他们的大脑也经历了习惯化，也就是他们对危险、声音、气味以及其他苦痛变得麻木不仁。

帕维尔·费舍尔（Pavel Fischl）是一位年轻的捷克诗人，他到访过纳粹控制下的特莱西恩施塔特犹太区。他讲述了那里的人是如何迅速适应恐怖的新环境的：

> 我们都已经习惯了军营走廊里嘈杂的脚步声。我们已经习惯了营房四周黑黢黢的墙壁。我们习惯了每天早上 7 点、中午 12 点、晚上 7 点拿着碗排着长队，只为获得一丁点儿带着咸味的热水或咖啡，又或者是几个土豆。我们习惯了在没有床的地方睡觉。我们习惯了既没有广播、录音机、电影院、剧院，也没有日常烦恼的生活。我们已经习惯了看着人们脏兮兮地死去，也习惯了看到肮脏恶心的病人……我们习惯了整整一个星期穿同一件衬衫，是的，

我们习惯了一切。

习惯化是一种现象。在这种现象中，大脑会通过忽略或降低重复性刺激的重要性来适应这种刺激。

例如，你所在的房间里一直有一种低沉的嗡嗡声。一开始，这种声音可能会让你心烦意乱。但几分钟后，你可能就不会注意到它了，因为你的大脑已经适应了它，所以再也不会应对它了。

这种认知现象解放了我们需要用于其他地方（那些可能会帮助我们生存下来的新事物）的脑力，我们在任何有大脑的动物身上都能看到这种现象。在一项研究中，研究人员将小鼠放入迷宫，迷宫的尽头藏着一块巧克力。接着，他们监测了小鼠的大脑活动："第一次进入迷宫时，小鼠嗅着空气，抓挠墙壁，它的大脑变得活跃起来，仿佛在分析每一种新的气味和声音。尽管小鼠看上去十分平静，但它的大脑在疯狂地处理一切。"

一旦小鼠找到了巧克力，当它再次被放入迷宫去寻找藏在同一个地方的第二块巧克力时，它之前的大脑活动就彻底消失了。这只小鼠处于"自动驾驶"状态，不再需要处理信息。小鼠已经习惯了这座迷宫，因此它完全没有停顿，径直奔向巧克力。就像我们在习以为常的生活中无意识地前往某处一样，我们去上班、去健身房、去家里熟悉的地方，但完全不会去思考，也不会去处理或留意熟悉环境里的信息。

☆语义饱和

爸爸。

你有没有注意过，如果你一遍又一遍地重复同一个词，它最终会变成一种声音。甚至当你反复观看不断出现的同一个词时，你的大脑最终会过滤它的意思。这种熟悉感的消失有时会让一个词看起来像来自另外一种语言。如果长时间盯着看，它们就会变成一堆笔画组合。如果看的时间更长一些，它们就成了纸上毫无意义的标记。

也许你有过这样的经历，重复使用一个词会让你突然觉得这个词很奇怪、很陌生，令人困惑，以致你不得不停下来，看看这个词是不是用对了。

这一切都是因为一种名叫**"语义饱和"**（semantic satiation）的习惯化现象，这个概念由夏威夷大学社会科学院心理学教授利昂·詹姆斯（Leon James）提出。在这种情况下，一个词或短语的含义会因其重复出现而变得暂时难以理解，而大脑也会倾向于过滤掉不需要投入资源的事物。

我们的视觉感官中也有这种效应。在服用麻痹眼部肌肉药物后的几秒钟内，病人眼前的世界会开始消失。他们并没有睡着，但他们的眼部肌肉无法运动，这意味着光线将以完全相同的模式落在眼球后面的接收器上。而对我们所有的感官来说，当某种输入恒定不变时，我们会通过习惯化的过程来逐渐过滤它，从而消除这种恒定的输入。在上述例子中，这个恒定的输入就是整个视觉世界。在他们面前挥一挥手（或移动任何东西）就足以让他们的视觉世界恢复正常。

☆ 习惯化的产生机制

神经科学家尤金·索科洛夫（Eugene Sokolov）表示，当经历文字、声音甚至生理感觉上的刺激时，神经系统大体上会创建一个"模式"，来说明刺激的原因、类型以及大脑应该怎样做出反应。对大多数感官刺激来说，大脑无须做出特别的反应。因此，当一个不重要的刺激发生时，大脑创建的这个模式会包含忽略该刺激的指令。

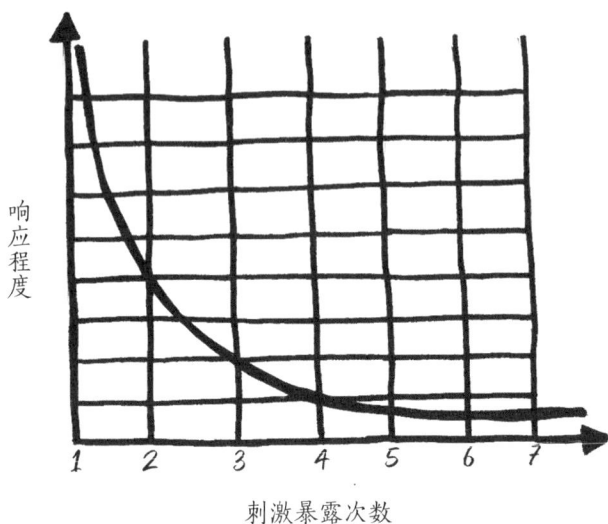

刺激暴露次数

对重复刺激做出反应的假定习惯化曲线

☆恐惧会减缓习惯化进程

警告。警告。警告。警告。警告。警告。警告。警告。警告。警告。警告。警告。警告。警告。警告。警告。警告。

有趣的是，任何词都可能受到语义饱和的影响，但让词失去意义的重复次数各不相同。例如，表达情绪的词或具有戏剧化内涵的词——例如"警告"——似乎就不会产生语义饱和效应，因为我们的大脑会对这个词产生强烈的联想，让它不太容易失去自己的含义。

☆ ☆ ☆

在所有的面部表情中，与恐惧有关的表情似乎影响最大。出于显而易见的、以生存为导向的原因，分辨恐惧和平静的表情对我们来说非常重要。研究表明，哪怕只是七个月大的婴儿，与没有表情或快乐的面孔相比，他们也会更关注恐惧的面孔。

在过去的两年时间里，我在自己的 YouTube 频道中对 200 多个视频缩略图进行了 A/B 测试。我一度发现，缩略图上的表情越生动、越恐惧或越可怕，该视频的点击数就越高。而中性的表情，也就是大脑已经习惯忽略的"背景墙"，在所有频道中的点击率都差得多。

☆你会习惯音乐和声音

多年来，利昂·詹姆斯发现，语义饱和不仅会影响我们阅读的内容，也会影响我们生活中的每个片段、风景和声音。

如果你养了一只猫或一条狗，那么你也许会注意到它很容易在你观看电视、聊天或者播放音乐时睡着，这也是同一种习惯化机制造成的。在一项研究中，人们对一只熟睡的猫咪播放巨大的声音，结果这只猫立即就醒了。但当这个声音播放的次数越来越多时，这只猫每次醒来所用的时间都会变得更长，最后它索性就一直睡了下去。然而，如果音调稍有变化，它就会立即醒过来。

詹姆斯还研究了音乐中的这一现象。他发现，最快进入流行音乐排行榜的歌曲在广播中的播放频率更高，但同时，这类歌曲跌出排行榜的速度也最快。这是因为它们也有习惯化现象。而那些缓慢登上排行榜前列的歌曲下榜的速度也更缓慢，与前者的热度"快速燃尽"相比，它们的热度是"慢慢消退"的。

了解了这个概念，我们就可以理解为什么我们喜欢不止一次地听同一首歌。这个问题让我想到了另一种名为"**单纯接触效应**"（mere exposure effect）的心理现象，它指的是人们对因为反复接触而熟悉的事物产生偏好的倾向。

1968 年，社会心理学家罗伯特·扎荣茨（Robert Zajonc）开展了一项实验，让参与者接触各种无意义的单词，每个单词出现的次数分别是 0 次、1 次、2 次、5 次、10 次、25 次。与只看到过 5 次和 10 次的单词相比，看到过 25 次的单词更容易让人产生积极的印象。后续的许多实验也证明了这一效应。

如果新事物能吸引我们的注意力，但我们又喜欢自己熟悉的事物，那么有没有可能存在一种最优的接触水平，既可以新鲜到足以吸引我们的大脑，又能够重复到足以让我们喜欢？答案是肯定的，科学家们称之为"**最佳接触水平**"（the optimal level of exposure）。

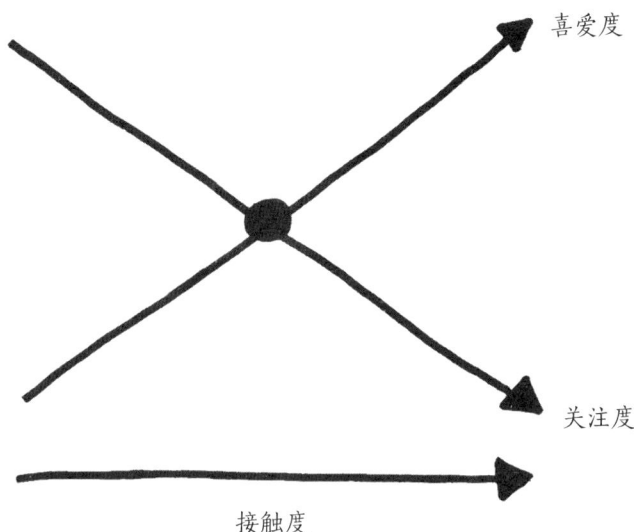

喜爱度

关注度

接触度

　　大多数唱片公司会面临一个两难选择：既要有足够的新意来吸引人们大脑的关注，又要具备足够的熟悉度来赢得人们的喜爱。这就是为什么他们会为同一首热门歌曲制作多个混音版本，为什么新的艺术家会对经典作品进行采样，为什么大多数歌曲有熟悉的旋律、音色和音调。

☆ 人们对气味的习惯化

　　人们的大脑会对气味形成习惯。人们之所以常常向身边朋友询问自己是不是有臭味，是因为他们鼻腔里的感受器已经习惯了他们的味道，他们闻不到自己身上的臭味。这种嗅觉信号不会从鼻腔传送给大脑。

如果你曾经连续试闻过香水，那么你会很熟悉这种现象。香水销售员有时会让你在试香间隙闻一下咖啡豆的味道，以减轻这种鼻腔习惯化的影响。

在一项习惯化研究中，研究人员给参与者提供了一种卧室空气清新器。在三周时间内，空气清新器每天都会散发等量的、浓烈且令人愉悦的松木香味。研究人员表示，参与者对气味的敏感度每天都在下降，他们会越来越频繁地问我们："你们确定它还有用吗？"

☆ 营销中的习惯化和语义饱和

讽刺的是，我花了大量时间来阅读有关语义饱和的研究。我参阅了数以千计的文章、研究项目和视频，以致这个词本身也渐渐失去了意义，成了我脑海中的背景墙。

有些时候，在撰写和研究这条法则的过程中，我曾停下来反复检查我使用的词是否正确，因为我的大脑似乎已经变得麻木，对它不再敏感，也不再熟悉。

同样，由于对这一概念有了新的认识，营销人员正在重新思考他们的销售技巧。人们所说的"黑色星期五麻木"正是这样一个应景的例子。由于过度使用，"黑色星期五"这个词已经不再像往常那样具有吸引力了。对于这个概念，我们已经反复说了太多遍，以致对许多人来说，这个词已经变得和他们卧室的墙纸一样毫无存在感。

在市场营销活动中，任何有效的词或短语最终都会被滥用，其效用也会减弱。作家兼记者扎卡里·佩蒂特（Zachary Petit）曾说：

> 另一个有趣的例子是"革命"（revolution）一词。1995 年，在注意到"革命"或"革命性的"等同类词频繁见诸报刊广告后，我和一位记者同事开展了一个项目。我们扫描了一份报纸从 1950 年至 1995 年的所有内容。我们的研究结果表明，在 20 世纪 60 年代末之前，"革命"一词只有少量应用，且主要用于政治革命。
>
> 然而，到了 20 世纪 60 年代末，这个词开始被左翼和右翼主流政党，乃至青年团体频繁使用。在 20 世纪 70 年代中期的报纸上，我们注意到一个家具品牌的广告，声称其办公椅采用了"革命性的瑞典技术"。之后，我们又看到了电子产品、药品、巧克力、牛奶、食用油和洗涤剂品牌的广告，这些产品都声称自己是"革命性的"。

几十年后，因为频繁地使用，"革命"无论从政治角度还是营销角度看都已经失去了意义。它的力量实际上已经消失。

☆绕过习惯化的过滤器

这里有一个秘密，我希望你能对此保密，这样你便可以避免词语被过度利用并且失去效用。

当我在 YouTube 上推出我的播客节目《CEO 日记》时，我们的频道每月都有数百万的浏览量，但在经常收看的人群中，大约有 70% 的人没有订阅。为了让大家订阅，我在播客介绍中加上了"请点赞并订阅"的话，这是我看过的所有 YouTube 视频创作者都会用的说法。

然而，这对我的观看率和订阅率几乎没有任何影响，我的频道的订阅人数依然增长得十分缓慢。深入思考其中原因后，我有了一个假设，由于"请点赞并订阅"是所有创作者都会使用的默认行动口号，也许观众的大脑已经对这句话习以为常，也许这句话用得实在太多，他们甚至根本就听不到我在说这句话。

根据习惯化法则，我草拟了一条新的口号。在我的 YouTube 视频开始的前几秒，我这样说道：

"在经常观看这个频道的你们之中，有 74% 的人没有订阅。"

（这句话非常具体，富有启发性，以至于人们的大脑绕过了习惯化过滤器，注意到了这句话。）

"如果你曾经从我们的视频中收获乐趣，可否请你帮个忙，点一下订阅按钮？"

（这个号召是在呼吁互惠，这也是一种心理现象，即如果别人觉得你为他们做了什么，他们也会为你做些什么。）

"这么做对该频道的帮助比你所知的还要大，而且频道订阅量越大，我们请来的嘉宾就越大牌。"

（这是对未来奖赏的承诺，如果你订阅了，你就会看到更大牌的嘉宾。）

这条全新的"行动口号"，我只说了一次，频道的订阅量就惊人地提高了 430%！这个频道已经超越了传奇人物乔·罗根（Joe Rogan），成为全球增长最快的 YouTube 播客。在几个月的时间里，它的订阅人数一举增至数百万，社交之刃网站（SocialBlade.com）预测它的订阅数将在未来五年内突破 3000 万。

我所说的**背景墙**，也就是对流行概念、短语和口号的过度使用导致大脑对此习以为常并过滤掉它们的现象，是有效地、成功地传递信息的大敌。营销团队往往会因为懒惰、规避风险和缺少创造力等而沿用常用短语。但这条法则表明，如果你有一条重要信息，希望信息能渗透至大脑回路，吸引大脑的注意力并使大脑接受其中含义，你就应该使用出乎人们意料的、不常用的话语。

☆ 重复并没有那么重要

营销学告诉我们，重复是很重要的。客户看到你的广告越多，就越有可能采取行动，这似乎是大众媒体广告的一个重要原则。从原则上看，这没有错，因为所有的学习都依赖于某种刺激的反复呈现。但重要的是，我们要理解让重复性刺激具有建设性（例如学习吸收）或破坏性（例如饱和厌倦）的条件。

研究人员在多项研究中发现，广告信息的接触度与广告产生的意义之间的关系呈倒 U 形。

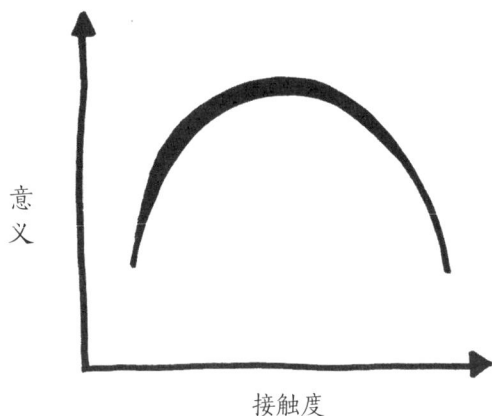

意
义

接触度

曲线的上升部分（表示意义的增加）被称为"语义生成"（semantic generation），而曲线的下降部分（表示意义的减损）

被称为"语义饱和"。对广告商来说，他们最喜闻乐见的是曲线的拐点。这就是术语、信息或语句在客户心中产生最佳意义和效果的地方。

一旦达到这个临界点，哪怕它依然令人难忘，它也不再是创造行动、推动销量和唤起情感反应的有效信息了。如果最初使用的语句、词汇和声音是为了引发行动，那么此时我们就应该发挥创意，想出一种全新的方法来绕过大脑的过滤器。

优秀的营销令人不舒服，会让休眠的大脑进入神经狂热的状态。

它需要一种观点、一种响应和一种情感。它不希望人人都喜欢它，它要的是热爱或者憎恶。一旦它最终达到了让人们习以为常的程度，它就会改变形状，再度吸引观众的注意力。

☆法则：不惜一切代价拒绝做背景墙

语言相当重要，它可以决定思想，左右政治家和品牌的命运。懂得如何以一种切中要害的方式进行沟通，抓住受众的注意力，同时击败我们的习惯化过滤器，这将是让我们在生活中的方方面面成功的关键。你的大脑有一个根深蒂固的史前生存工具，也就是它的习惯化过滤器，它会让你适应和过滤无法想象的痛苦、烦恼或者难闻的刺激。为了让人听到你的声音，请用不重复的、不被过滤的和不落俗套的方式来讲述你的故事。

无论如何都要让人有所触动，
哪怕是从消极的角度。

法则 12

必须惹怒他人

这条法则将说明，为什么"惹怒他人"是打造重要品牌不可避免的后果，为什么"厌恶"恰恰说明你发出了正确的信号。

为了准备这本书，我在洛杉矶的一家巴诺书店闲逛，对出版界的发展趋势进行了一番观察研究。其中，最明显、最惊人的一个观察结果是，现在大量自助类图书都充斥着骂人的话。

2016 年，马克·曼森（Mark Manson）的《重塑幸福：如何活成你想要的模样》（*The Subtle Art of Not Giving A F*ck*）①引爆了这股在图书封面上说脏话的潮流。因为这本书，我对曼森进行了访谈。他告诉我，这本书已经售出了 1300 万册。这是一个明显的迹象，说明在已成红海的题材领域，作者们正在

---

① 英文原书书名中出现了脏话，并打了星号（＊），中文译本的标题隐去了这样的字眼。下同。——译者注

试图避免"语义饱和"，通过绕过大脑过滤器的方式来吸引读者的注意力。

到了 2018 年，在亚马逊畅销书排行榜的前 25 本书中，除了曼森的《重塑幸福：如何活成你想要的模样》，还包括名为《我到底该为晚饭做些什么？》(*What the F*@# Should I Make for Dinner?*)、《吃鸡的 50 种方法》(*50 Ways to Eat Cock*)、《别折磨自己》(*Unf*ck Yourself*)、《冷静下来》(*Calm the F**k Down*)和《一切都糟透了》(*Everything is F*cked*)的书。数据显示，十年前，位于排行榜首的图书没有一本标题上没有脏话。

迈克尔·什切班（Michael Szczerban）是莎拉·奈特（Sarah Knight）的编辑。莎拉的《冷静下来》以及其他多本销量高达数百万册且封面带有脏话的书都是由他编辑出版的。对此，他如是说：

> 出版商和作者都在想办法打破各种噪声场，以接近读者。这似乎是某些图书可以达到畅销的方法之一。当有人这么做之后，其他人就会纷纷效仿。有些人不喜欢这种做法，一些书商也会因为书名上有脏话而不想卖这本书。但这么做带来的好处更多。

在他说"这么做带来的好处更多"时，他实则说到了最基本的营销原则之一，也就是避免语义饱和，让别人听到自己的声音。

十多年来，我的所有营销团队都在利用、宣传和实施这一原则，以至于我们把这句话写在了办公室的墙上："让人们有所感受——无论用什么方式。"

对营销人员来说，漠不关心（也就是人们对你既没有爱也没有恨）是最<u>无利可图</u>的结果。

让人们对你说的话、你的信息或你的行动倡议漠不关心，这是通往前一条法则所提到的可怕的习惯化过滤器的最可靠的路径。

我采访过简·沃旺德（Jane Wurwand），她是德美乐嘉（Dermalogica）和国际皮肤研究所（The International Dermal Institute）的知名创始人和首席前瞻性官。沃旺德是美容行业最受认可和尊敬的权威人士之一。在她的领导下，德美乐嘉已经发展为一个领先的护肤品牌，在全球100多个国家有超过10万名皮肤治疗师使用他们的产品。她也因此成为美容界最富有的女性之一。

她绕过顾客习惯化过滤器的头号营销秘诀就是，说一些恼人的话，做一些得罪人的事情。对此，她解释道：

我们必须做好得罪 80% 的人的准备，否则我们永远不会获得另外 20% 的人的支持。如果我们不这么做，我们就是中庸的、平淡的、一般的和可接受的，但人们无法定义我们。这是产品，不是品牌。品牌会触发情感反应。因此，我们的营销口号是："我们要通过得罪 80% 的人去赢得 20% 的人。"我们不需要人人都喜欢我们。如果我们没有一点破坏性，那么每个人都会喜欢我们，但他们不会爱我们。如果有人讨厌我们，那么一定会有人喜欢我们。

请注意，所有的情感策略都有保质期。当大脑形成习惯并贬低其意义时，情绪诱饵的回报就会递减。

比较一下 2018 年的图书和现在的图书，我们可以看到这种"脏话战术"的效果明显已经减弱。任何情感信息的有效传播最终都会让其流行起来，而习惯化的力量又会使其迅速变成背景墙。

☆ 法则：必须惹怒他人

不要担心情绪化的、大胆的甚至分裂性的营销方式会疏远你的受众，引起 20% 受众的情绪反应和 80% 受众的愤怒，可能比让 100% 的受众无动于衷更有价值。

有人会喜欢你。

也有人会讨厌你。

还有人不会在乎你。

你只能和前两种人建立联系。

但不要和第三种人建立联系。

因为漠不关心是最无利可图的

结果。

法则 13
首先实现心理登月

这条法则将告诉你，如何通过对产品进行小到惊人的且往往是免费的表面改动来给客户创造巨大的感知价值，还揭示了你最喜爱的品牌当前正在对你使用的心理手段。

三年来，我的理发师一直在暗中影响着我。

他每周都在同一天来我家，给我剪同样的发型。我之所以始终选择他的服务，是因为我向来认为他最注重细节，并且他是一个完美主义者。因此，我一直信任他，让他为我理发。

有一天，在他的一次例行工作中，我们遇到了有史以来的第一个问题。理完发之后，他把围布从我身上取下，并宣布："你的头发剪好了，伙计！"

我本能地觉得有些不对劲。我说不清是什么原因，但我总觉得他似乎匆忙地剪好了我的头发，并没有像往常一样注重细节。

我回答说："真的吗？好快！"我疑惑地走到厨房的镜子前，开始检查我的头发，我觉得他一定漏掉了哪里。出乎意料的是，我的发型一如往常得完美。

但我还是觉得他有些仓促了，于是我走到手机前查看时间——他的用时和之前每周给我理发的用时一样。

我不明白自己为什么会感到莫名其妙的失落，我对他说："不知为何，我总觉得刚才你剪得太仓促了。"他转过身看着我，一时间完全蒙了，接着，就像被一个幽默的笑话逗乐了一样，他情不自禁地大笑起来。"是我的错，伙计。因为我们说了太多话，我都忘了做'收尾仪式'！"他解释道。

收尾仪式？他告诉我一个被他称为"最后一剪"的心理技巧。在过去十年里，他一直在对我和他的所有客户使用这个技巧。

他说，如果他在理发结束时假装检查顾客理好的头发，然后再做一个剪最后一刀的假动作，那么顾客通常会觉得他做得更好。

因此，在每次理发结束时，包括之前每次给我剪发的时候，他都会做一个"收尾仪式"：关闭电推，稍作停顿，绕着顾客走一圈，仔细检查他们的头发，接着假装在他们的头发上做最后一点微小的修剪，然后再宣布剪好了。

今天，他彻底忘记了这个小小的仪式，而我本能地感受到了这一点。我之所以觉得我的发型剪得不好，觉得有些仓促或疏忽，只是因为他忘记做那短短十秒钟的心理游戏，这让我下意识地相信他非常注重细节。

实际上，他那个"最后一剪"的技巧对改善我的发型毫无帮助——他承认在这个仪式中甚至没有剪掉任何头发，但大幅提升了我的感受，让我觉得他做得很彻底。这就是奥美公司罗里·萨瑟兰所谓的"心理登月"（psychological moonshot）的力量。

心理登月是一种以小博大的做法，可以通过相对<u>较小的投</u><u>入</u>来<u>极大地改善</u>人们对某事物的看法。

心理登月表明，投资于感知几乎总是比投资实务更便宜、更简单、更有效。

☆优步的心理登月手段

"如果可以通过电话打车会怎样？"

这是特拉维斯·卡兰尼克（Travis Kalanick）和加勒特·坎普（Garrett Camp）在巴黎一个寒冷的夜晚对彼此提出的问题。他们从美国赶来参加一个技术会议，但等了很久都打不到车，他们体验着许多人很熟悉的一种痛苦：不知道出租车会不会来或者什么时候来。这太糟糕了。那天晚上，他们在不确定性和挫败感中提出的这个简单的问题却促成了优步的诞生。现在，优步已经成为全球 65 个国家 600 座城市每月超过一亿人默认使用的打车应用程序。

在高度紧张的状况下，例如，当我们赶不上航班、会议或活动时，一秒钟好似一分钟，一分钟仿佛一小时，而一小时简直就是一天。为此担忧是我们每个人都体会过的，这就是客户因为拿不准而产生的可怕焦虑感。

减少客户的心理摩擦成了优步面临的主要挑战，为此优步内部组建了一支由行为（数据）科学家、心理学家和神经科学家组成的团队，也就是后来的"优步实验室"（Uber Labs）。

优步实验室在研究中发现了影响客户对优步满意度以及整体体验看法的几个关键心理原则：峰终定律、厌恶闲散、操作透明度、不确定性焦虑和目标梯度效应。在理解了这五种强大的心理力量之后，优步才彻底重新设计了整个行业，并且创造出价值 1200 亿美元的生意。

峰终定律：最重要的两个时刻

峰终定律是一种认知偏差，描述了人们记住一段经历或事件的方式。简而言之，我们是根据自己在峰值和结束时的感受来判断一段经历的，而不是以整个过程的平均值为依据。最重要的是，这既适用于好的体验，也适用于坏的体验。在这里，公司和品牌需要注意：**顾客会根据两个时间点来判断自己的整体体验，也就是最好（或最差）的时候以及结束的时候。**

这种观点有助于我们理解：为什么假期开始时的糟糕航班对乘客满意度的负面影响要小于假期结束时的糟糕航班，为什么一顿美妙的晚餐会因为账单上的额外费用而受到影响，为什么美好的约会之夜结束时仅仅两分钟的分歧就会玷污你对整个夜晚的回忆。

这也解释了为什么优步司机要学会在行程结束时，也就是在你给他们打分并付小费之前，对你表现得格外亲切。

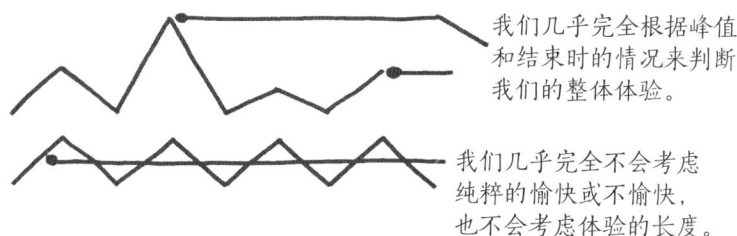

我们几乎完全根据峰值和结束时的情况来判断我们的整体体验。

我们几乎完全不会考虑纯粹的愉快或不愉快，也不会考虑体验的长度。

厌恶闲散

优步实验室引用的研究结果表明，**忙碌的人比无所事事的人更快乐**，哪怕他们并非自愿忙碌（例如，你强迫人们去做某些活动）。实际上，即使一个虚假的理由（一个不真实的原因）也能促使人们采取行动，这就是我们对开小差和有所行动的渴望。这项研究的意义在于，我们所追求的许多"目标"其实只是让自己忙碌起来的借口。

对优步来说，这意味着，如果优步能够为等待中的客户提供可以观看或参与的东西，并让他们动起来，这些客户就会变得愉快一些，并且不太容易取消订单。

优步实验室不仅让用户知道司机何时会到，还安装了一些有趣的互动动画，比如在地图上移动的汽车，让用户在等车时有东西可看。此举也是为了避免无所事事的不快感。

值得注意的是，优步引用的研究表明，大多数人如果可以在等待期间做些什么的话，就会选择等待时间较长的订单，而不是选择那些没法让自己忙碌起来的短暂等待订单。这在一定程度上解释了为什么餐厅会在你等待的时候提供免费赠品，为什么网飞（Netflix）和 YouTube 等平台会在你将鼠标悬停在视频上时播放预览画面，以及为什么谷歌浏览器会在你断网时给你提供霸王龙游戏。

研究表明，让客户忙起来可以让客户的满意度、留存率和转化率提高 25% 以上。

操作透明度：品牌应该是透明的

2008 年，叫到一辆出租车是一件充满不确定性的事情。乘客无法知道他们的车何时会到（甚至**能不能到**），谁来接他们，或者他们为什么要等这么久。当时，如果你上了一辆没有计价器的出租车，司机就会随口报价。就算你上了一辆**有计价**

器的出租车，你也会担心司机故意绕路来提高车费。

这种缺乏透明度的现象是客户体验的毒药，会滋生不信任感，从而让客户对品牌产生怀疑、反感和背叛。

鉴于此，优步实验室利用"操作透明度"这一心理学原理来阐释屏幕背后的每一个步骤，以此显示等待过程中的进程。他们给出预估的到达时间，并且详细介绍了车费的计算方法。他们对所有的估算都给出了合理的解释，并在发生变化时提供快速更新，同时做出解释。

这些变化导致发送叫车请求后的取消率降低了 11%，这对优步而言是一项价值 60 亿美元的改进。

不确定性焦虑

2008 年，达美乐（Domino's Pizza）经历了一次有趣的运营和客户体验挑战。当等待比萨的时间超过预期时，顾客会给达美乐打电话，询问比萨到哪里了。这时，制作比萨的整个过程就会被打乱，因为制作比萨的人会被接电话的人询问是什么原因耽误了制作，而顾客最终会得到一个含糊其词的答案。由于信息缺乏透明度，打电话的顾客在不知情的情况下反而耽误了自己的比萨的配送。

为了解决这一问题，一些比萨连锁店选择购买保温袋来保持比萨的温度，雇用更多的员工和司机，对送达时间做出退款保证，并为订单迟到的顾客提供免费面包条，但电话还是响个不停。

这些比萨连锁店都忽略了内心挫败感这一问题的核心，即人们并不想要更快的送货速度，他们只是希望**减少到货的不确定性**。

达美乐深谙这一点。2008 年，达美乐利用现有的内部订单管理软件创建了著名的"达美乐比萨跟踪器"（Domino's Pizza Tracker），向顾客明确显示订单的位置。

这一微小的心理洞察及其带来的创新改变了达美乐的生意。愤怒的电话骤减，客户的满意度、留存率和拥护度飙升，而达美乐也在这个过程中节省了成本，赚取了数亿美元。

《自然》（*Nature*）杂志上发表的一项研究表明，我们在得知一件不好的事情（例如，比萨要晚到 30 分钟）将要发生时的心理压力要小于不确定事件（例如，我们不知道迟到的比萨到底在哪里）给我们带来的心理压力。这是因为，面对不确定性时，我们大脑中试图预测后果的区域最容易被激活，也就是说，它处于紧张状态。正如罗里·萨瑟兰在他的《人性炼金术》（*Alchemy*）一书中所解释的那样，在你预定的航班上显示"延误"比显示"晚点 50 分钟"更能刺激你的大脑。

☆ ☆ ☆

每天，有超过 300 列新干线列车在东京火车站的四个站台进出，平均时间间隔约为 4 分钟。列车在车站只停留 10 分钟，其中乘客下车需要 2 分钟，新乘客上车需要 3 分钟。TESSEI 是日本铁路公司（Japan Railway）下属的一家子公司，负责清洁这些子弹头列车，为每天使用该服务的 40 多万名乘客保障列车的清洁卫生。乘客们经常抱怨这些列车的卫生问题，由于列车周转时间很短，他们认为列车不可能在这么短的时间内得到妥善打扫。

TESSEI 的 CEO 矢部辉夫（Teruo Yabe）希望改变人们的这种看法。他认为列车实际上非常干净，但并没有足够的能见度可以让乘客看到这一点。因此，矢部辉夫决定让清洁工们站出来，而不是雇用更多清洁工：他将员工制服从淡蓝色的衬衫改为令人过目不忘的亮红色夹克，要求清洁工表演节目，并向来往的乘客致意。这就是现在国际上闻名的"新干线 7 分钟剧场"。

当列车驶入站台时，清洁工们会在车门旁排起长队，并在列车驶入时鞠躬致意。他们拿着敞开的袋子，向到站的乘客问好，并感谢他们交出垃圾。接着，清洁工们迅速进入列车，捡起垃圾、清扫地面和消毒。完成后，他们会在列车旁列队并第二次鞠躬，以表示对即将出发的列车和新上车的乘客的敬意。

此举一出，不仅卫生投诉量大幅下降，而且据说清洁工因为感受到乘客对自己更加尊重而产生了自豪感，从而打扫得更彻底。他们不仅更开心，而且更有干劲了。这就是著名的"7

分钟奇迹"，它将该公司的火车线路重新定位为世界上最清洁的线路之一。

这个例子告诉我们，即使是卫生方面的不确定性，也可以通过心理登月的技巧来纠正。这进一步说明，**在感知上投资几乎总是比对实务投资更便宜、更简单，也更有效**。

目标梯度效应：在临近终点时加速

1932 年，一位名叫克拉克·赫尔（Clark Hull）的行为科学家对迷宫中的小鼠进行了研究。他利用安装在小鼠身上的传感器来监测小鼠跑向食物奖励时的速度。赫尔发现，小鼠越接近迷宫的终点，也就是奖赏所在地，移动的速度就越快。

他将这一原理命名为"目标梯度效应"。

事实一再证明，最能激励我们的是我们与实现目标之间的距离：越接近成功，我们就工作得越起劲。

在咖啡馆回馈计划中，收集印章的参与者越接近获得免费饮品的目标，他们购买咖啡的频率就越高；通过给歌曲打分来换取礼品券的网民越接近奖励目标，他们对歌曲的评分就越高；领英（LinkedIn）用户如果看到"个人资料完整度"进度条显示自己距离完成个人资料还有多近，就更有可能往个人资料里添加信息。

优步实验室设计的地图解决了这一问题，他们不遗余力地强调汽车距离接送地点和目的地还有多近。

所有这些心理黑客手段已经让优步成为世界上最知名的出租车公司，并在国际上占据主导地位。而在优步实验室心理专家们的工作之下，该公司现在可以表示，只需乘坐 2.7 次车，就会有人成为优步的永久用户。

☆心理登月的力量

"登月"（moonshot）一词来自阿波罗 11 号（Apollo 11）太空飞船项目。1969 年，阿波罗 11 号首次将人类——尼尔·阿姆斯特朗（Neil Armstrong）送上了月球，阿姆斯特朗称这次登月是"人类的一大步"。而心理登月则是利用心理学的力量向前迈出的一大步。

当我采访罗里·萨瑟兰时，他说道：

> 通过让火车提速十倍来提高乘客满意度是很难做到的，而利用心理学原理让顾客感觉火车快了十倍而提高满意度则简单得多。如果可以让乘客在火车上正常使用无线网，那么我不认为像英国这样的政府需要花费 500 亿美元来给火车提速。未来 50 年最大的进步可能不是技术上的进步，而是心理学和设计思维上的进步。

值得注意的是，大多数电梯里的"关门按钮"实际上并不起作用。出于安全和法律上的考量，电梯都被设计为在一定时间后才能关门。美国国家电梯工业公司（National Elevator Industry Inc.,）执行董事卡伦·佩纳菲尔（Karen Penafiel）表示，"乘客没办法让电梯门更快地关上"。但"关门按钮"这种虚幻的安慰剂带来了一种控制感，减少了不确定性，让人感觉更加安全，因而提高了用户的满意度。

一些洗手液制造商在他们的产品中加入薄荷醇，其唯一目的就是让双手产生刺麻感，这会带来一种强大的心理效应。这在药品和保健品中也能看到，让你觉得某些东西正在发挥作用，因为你**感觉得到**。

麦当劳也部署了心理登月计划，安装了自助服务台和大屏幕，以便显示订单到哪一步了，并在顾客下单后立即提供小票。此举利用了目标梯度效应，减少了过程中的不确定性、等待时间以及挫败感。这一改变为该品牌带来了一系列"登月级"的效果。

正如麦当劳总裁唐·汤普森（Don Thompson）所说的，"人们首先用眼睛吃饭"，与列表中的文字相比，直观地看到每一件商品更容易让人产生购买欲，这在此前店内有限的展示空间中是不可能实现的。此外，研究还表明，使用触摸屏会带来新鲜感和趣味感，让顾客更倾向于使用沉浸式购物方式。此外，由于没有了直接向收银员报出令人尴尬的一长串详细的餐品名称而带来的潜在羞耻感，顾客在点大量餐品时会在心理上感到更加安全。

这种相对较小的改动为这家全球特许连锁店带来了数十亿美元的收益：销售额增长了近10%，顾客满意度提高，尽管生产流程并未改变，但人们对"快餐店"有多"快"的看法也受到了积极的影响。

☆法则：首先实现心理登月

心理登月让品牌以微小且通常是免费的表面改动来创造巨大的感知价值。这些是企业家、营销人员和创意人员试图创造的价值（假象）。

不要挑战现实，要着力塑造观念。

我们的真相并非我们所见。

我们的真相是我们选择相信的故事。

法则 14
摩擦可以创造价值

这条法则将告诉你一条反直觉的真理，那就是有时候客户的体验更糟，他们反而更会想要你的产品。

在担任市场营销公司 CEO 期间，我参加过无数次与我们的客户可口可乐公司召开的品牌营销会议。他们负责营销的高管似乎被红牛等能量饮料行业的成功吓呆了。

软饮料的销量正在急剧下降，而能量饮料的销量反而节节攀升。是什么让这个品类的产品比其他品类的产品增长得更快呢？我们的研究发现，不同品类的消费者有不同的期望，而不同的期望会产生不同的心理登月效果。

在我与罗里·萨瑟兰对话时，他曾指出，红牛通过故意让它的味道变得难闻来实现它提高人的表现、让人"如虎添翼"的心理预期。因为红牛的味道更像药，而不是一种令人愉悦的汽水，所以红牛可以让顾客相信这种饮料含有强效的化学成分。让东西变得"更"美味反而可能会让它们变得不那么受欢迎，这都取决于人们的预期。

我的一位挚友创立并经营着欧洲增长最快的一个功能营养品品牌。他经常向我坦言，他们在产品方面遇到的最大挑战在于味道太好，以致顾客根本不相信这对他们有益。为了增加销量，他们一度认真考虑过让产品变得难吃。

这些例子证明，<u>让事情变得更简单并不一定是通往心理登月的途径</u>；有时候，你必须反其道而行之：增加摩擦、等待时间和不方便程度，从而<u>实现感知价值的同等提升</u>。

20 世纪 50 年代，通用磨坊公司（General Mills）在其著名的贝蒂妙厨（Betty Crocker）品牌下推出了几款蛋糕预拌粉。制作蛋糕时，你只需加水搅拌，然后烘烤即可。这是一种傻瓜式的蛋糕预拌粉。它的成分中包含奶粉和鸡蛋，是一款不会出错的产品。一经推出，它就被寄予厚望。然而，该产品的销量并未大涨，最多只能说是销售得不温不火。

通用磨坊公司不明白哪里出了问题。该公司本想为忙碌的主妇和母亲节约时间，不知何故却落了空。它聘请了一个心理学家小组进行调查。该小组得出的结论是，尽管产品节省了时间和精力，但美国的妻子和主妇们会感到愧疚，因为她们本可以花几个小时烘焙蛋糕，但事实并非如此，她们不得不承认自己走了捷径，没有付出太多努力，所以她们又回归了传统的烘焙方式。

通用磨坊公司本打算用广告来回应这一问题，但在心理学研究的推动下选择了另一个方向，那就是与所有传统的营销智慧背道而驰，走向了心理学的登月之路。该公司从配料中拿走了鸡蛋成分，并在包装正面印上"加一个鸡蛋"的字样。这种"减法技巧"带来了更多摩擦，让产品变得不那么便利，让顾客花费更多时间。从客观上看，这么做虽然降低了产品的价值，但让烘焙蛋糕的人感到自己更有价值，产品的销量也因此直线上升。

同样地，每次餐厅给我端来一块生牛排和一块烤牛排的热石块时，我都会清楚地意识到，他们有意无意地使用了一种强大的心理登月攻势。

众所周知，每个人对牛排的偏好各不相同。这意味着，哪怕在最高档的厨房，牛排也是退货率最高的餐品之一。要求顾客自己烹饪食物可能会提高他们的满意度和对整体体验价值的感知，这看似不合逻辑，但热石块的出现恰恰说明了这一点。

以生肉上菜缩短了我的等待时间，也节约了厨师的时间，同时增加了让我满意的可能性，因为这可以让我按自己喜欢的方式（三分熟）来烹饪牛排，让我感觉自己在这顿饭中投入了精力，从而减少了投诉和退货的可能，也能让我忙碌起来，防止我产生厌恶闲散的情绪。在这种心理登月的攻势下，操作透明度、厌恶闲散和目标梯度效应同时发挥了作用。

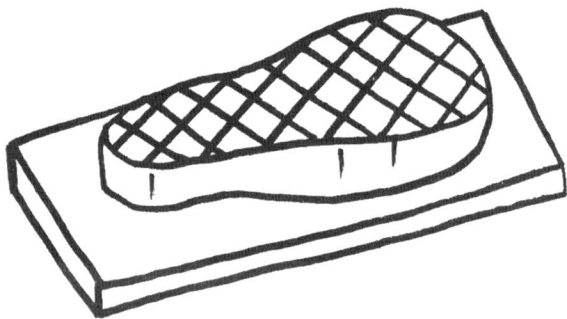

　　航空、酒店和保险业的聚合网站同样明白，摩擦可以创造价值。这些网站发现，网站搜索时间越快，销量反而越少。现在，这些网站人为地延长搜索时间，并显示所有正在搜索的平台，从而让你相信这些网站已经做了全面的检索，这样你就不会去其他网站搜索了。这种技巧带来了更多销售额、更好的留存率和更高的客户回头率。

☆法则：摩擦可以创造价值

　　摩擦可以创造价值。虽然这看似无稽之谈，但那些部署了心理登月战略的公司都明白，人们并不按逻辑行事。人们的决策和行动是非理性的、不合理的，而且从根本上看是不合逻辑的。因此，如果你希望成功地影响他们，有时你就必须创造、制造或说出一些不合理的东西来。

所谓的"价值"并不存在。

它只是我们在满足期望时形成
的一种感知。

法则 15
画框比画重要

这条法则解释了向消费者展示产品的方式将如何极大地影响他们对产品价值的认知。

一个微不足道的错误打破了我与我最喜爱的品牌之间的情缘。

你通常会发现我从头到脚都穿着同一个品牌的衣服。多年前，我发现了这个品牌创始人的故事、愿景、对细节的不懈追求、创造力和艺术天赋，以及在每一件杰作中注入的新奇技术。我爱上了这个品牌。这个品牌为日常服装打造了独一无二的设计，但价格非常昂贵。

有一天，我在随意浏览社交媒体时无意中看到了这位创始人发布的一段视频。在视频中，他参观了亚洲的生产线，他的服装就是在那里制作的。这段视频旨在通过展示他们制造了多少产品、如何生产以及如何管理生产线上的流程，来炫耀公司庞大的规模和品牌的飞速崛起。

就在那一瞬间，魔咒被打破了，原本烙印在我心间的魔咒般的幻觉灰飞烟灭。

让我感到震惊的不是这个品牌在亚洲生产的事实，也不是生产成衣的工人的面庞，甚至不是生产线的条件。让我震惊的反而是，我看到自己在看视频时穿的那双鞋从一台巨大的机器中被取出，然后被扔进成千上万双一模一样的鞋子中间。我还看到我当时穿的那件 T 恤被杂乱无章地堆放在一个巨大的、垃圾箱般的容器里。

虽然该品牌从未明确宣称自己的产品是独一无二的艺术品，但在痴迷该品牌的我看来，该品牌的产品就是如此，而且是由其专注的创始人亲手制作的。从逻辑上说，我确实猜到其中一定有批量生产的部分，但这些事情并不受逻辑支配——它们是我们根据证据而选择相信的故事。在此之前，该品牌编织的唯一话语是一种充满艺术性、独特性和浪漫气息的叙事。

商品的包装方式对人们的接受度有很大影响。如何塑造产品会影响消费者对品牌的认识和评价。在那一刻，我最喜欢的品牌包装发生了不可逆转的变化。

这并非最近才有的行为学发现。在 20 世纪 70 年代著名的可乐挑战中，消费者被要求盲品装在一模一样的白色杯子里的百事可乐和可口可乐，以及装在各自品牌瓶子和罐子里的可乐。当用杯子喝的时候，他们更喜欢百事可乐；但令人惊讶的是，当用瓶子或罐子喝的时候，他们更喜欢可口可乐。实际上，饮料的包装改变了消费者对饮料的评价。

如果你走进本地的电子产品商店，那么你很可能会发现自己置身层层叠叠的电线、小器件和电池的丛林，它们从地板到天花板堆得满满当当，令人目不暇接。传统的商品陈列思维认为，陈列的商品越多，销售机会越大。这是一种非常合乎逻辑的思维方式，但苹果公司深知，人类并不按逻辑行事，还有其他更重要的主导心理力量。

世界上的每家苹果专卖店都能够唤起一种惊人的力量，让购物者不自觉地相信，花几千美元购买一个小小的电子产品（例如苹果手机）是值得的。

与杂乱无章的电子零售商店相比，苹果公司的店铺设计得更像艺术画廊，以高价、独一无二著称。苹果公司的行为科学家明白，他们设计的包装会左右包装内产品的价值。通过展示少量产品，他们唤起稀缺性的力量。这也是一种包装，它决定了需求量，因此也决定了产品的感知价值。在供应看似有限的情况下，产品的感知价值也会相应提高。我们都会直觉地感到这个零售空间是昂贵的，他们在每款苹果公司产品周围都留出

2 英尺①的空间，这意味着每个产品都非常有价值，以至于让人觉得花这么多钱是必要的。在心理上，我们会将产品周围空白空间的价值注入产品本身，就像一件艺术品：苹果公司对其产品的包装就好像把它们放在了一个充满心理诱惑的舞台上。

　　为了说明包装在改变感知上的作用有多大，我们可以看一下这个生动的例子。我是一家名为 WHOOP 的公司的投资人和形象大使。这是一家可穿戴健康监测设备公司，其产品可以跟踪人们的各项重要健康指标。该公司近年来的估值高达 35 亿美元，在同类公司中独占鳌头，其客户包括克里斯蒂亚诺·罗纳尔多（Cristiano Ronaldo）、勒布朗·詹姆斯（LeBron James）和迈克尔·菲尔普斯（Michael Phelps）等。

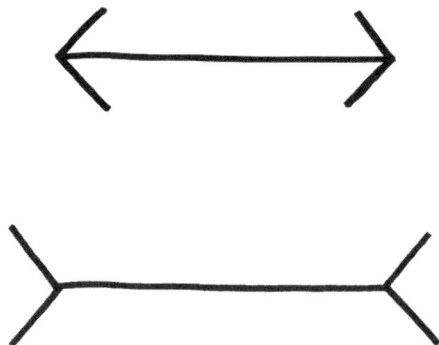

两组箭头之间的直线长度相同

① 约 0.61 米。——译者注

该公司的产品之所以能在耗费了巨额营销预算的苹果公司、非比（Fitbit）、佳明（Garmin）等巨头的同类产品中脱颖而出，部分原因就在于其天才般的包装设计。

WHOOP 的 CEO 告诉我，尽管在手环上增加时间显示功能非常容易实现，但他一直都在拒绝各种要求增加时间显示功能的呼吁，原因也在于此。WHOOP 是当前市场同类产品中唯一没有屏幕且不向佩戴者显示时间的领先的可穿戴健康设备和手环。

他们为什么这样做呢？因为他们觉得增加屏幕会改变顾客对该设备的看法，使其从运动员使用的精英健康设备降格为手表。增加一些客观上具有价值的功能，例如查看时间，反而会降低产品的心理价值。在心理登月的世界里，"少"往往意味着"多"，一个词、一个调整或一个决定可能会极大地影响产品感知。

2019 年，我建议一家国际大型 B2B（企业对企业）公司禁止使用"销售员"这一称呼，同时停止使用"销售团队"一词，并用"合作伙伴"一词替代。此举一出，回复该公司电子邮件的人多了起来，公司的销售额也上升了 31%。正如我猜测的那样，带有"销售"字样的头衔让你接触的对象认为，你会纠缠他们并让他们买自己不想要的东西，而"合作伙伴"这样的包装则暗示了这个人实际上站在你这一边。

☆ ☆ ☆

几年前，埃隆·马斯克向动物保护协会承诺特斯拉汽车中不会使用皮革配件。这位企业家信守诺言，从特斯拉 Model 3 车型开始，其汽车内饰均采用了一种奇特的"素食皮革"。

创造了"心理登月"这个概念的罗里·萨瑟兰是广告界的传奇人物，他告诉我，特斯拉本能地理解了心理登月对价值感知的影响力：特斯拉不说自己的新汽车座椅是"塑料的"（尽管实际如此），而是急切地抓住了"皮革"一词的奢华内涵，以维持汽车内饰的认知价值水准。这样的包装方式是人们实现心理登月的最常见方式之一，实际上并没有对产品或体验进行任何改善。

包装并不是说我们要去撒谎或欺骗，而是说我们要知道如何以最真实、最具说服力的视角来展示自己的产品或服务。

例如，说一种食品含有 90% 的瘦肉比说它含有 10% 的肥肉更有吸引力。这两种说法都没错，但其中一种就是在心理上更具诱惑力。

这些例子说明了一个在品牌塑造、市场营销和商业活动中经常被遗忘的重要原则：**现实不过是一种感知，语境为王。**

☆法则：画框比画重要

你所说的并不是你要说的全部。你说的内容取决于你的信息、产品或服务所处的语境。如果你改变了包装，你就改变了你要传递的信息。你的客户会听到一切，包括你的言下之意。不要只关心你说的是什么，还要关注你的包装方式将如何积极或消极地改变你所要传达的信息。

巧妙的包装可以改变平平无奇
的内容。

法则 16
充分发挥"金发姑娘"优势

这条法则向你展示了一种强大且简单的销售技巧，可以让你在不改变价格的前提下使你销售的产品看起来更有价值。

"他为什么要带我去看我不感兴趣的房子？"我问我的私人助理索菲。她正在读我和房地产经纪人克莱夫（Clive）第二天的看房行程表。她回答说："我不知道，但克莱夫坚持让你看看各种选择。"

几天后，我提交了购房意向，我打算购买克莱夫推荐的三套房子里的第二套。谢谢你，克莱夫。

但事情并未就此结束。几个月后，在研究各品牌和营销人员使用的心理技巧时，我偶然发现了一种叫作"金发姑娘效应"的东西。

"金发姑娘效应"实际上是一种"**锚定效应**"（anchoring）。

锚定效应是一种认知偏差，即个体在做决定时过于依赖看似无关的信息（锚点）。

在"金发姑娘效应"背景下，如果在展示你希望销售的商品的同时展示另外两个"极端"的选择，你就可以让中间的那个选项看起来更有吸引力或更加合理。

在大多数情况下，事物"真正"的价值不过是一种选择而已。因此，我们会在相关环境和定价中寻找线索，以便我们做出抉择；当"金发姑娘效应"起作用时，我们会觉得最昂贵的选项是过分奢侈的。相反，我们会认为最便宜的选项风险过大，并且质量不够好，同时我们会觉得中间的那个选项是最佳的。我们相信该选项兼具其他两个选项的优点：这是一个安全的选择，成本效益和质量都不错。

回忆与克莱夫一起看房的经历，我意识到我只让他带我看了第二处房产，但他坚持要让我看三处。第一处房产地方太小，而且价格偏高。第二处房产地方宽敞，价格只比第一处稍贵一些。第三处房产在同一地区，但价格相当昂贵。当然，那时的我就像一个被克莱夫控制了的玩偶，立即选择了第二处房产。

我很想知道克莱夫是否有意操控我。我给他发了一条信息，问他是否熟悉"金发姑娘效应"。他先是回了个笑脸和眨眼睛的表情，接着回答说："永远不要只给人一种选择！"

狡猾的家伙！

像克莱夫这样通过"金发姑娘效应"来影响你的行为的个人、品牌或组织还有很多。1992 年，松下（Panasonic）就利用了这一原则。当时，松下在已有的售价为 179.99 美元和 109.99 美元的微波炉的基础上推出了一款售价为 199.99 美元的高端微波炉。

售价为 179.99 美元的中端微波炉的销量直线上升，让松下的市场份额上升到了 60%。

☆ ☆ ☆

曾经有一项实验要求参与者在全包巴黎假期或全包罗马假期之间做出选择，最后选择巴黎的人更多。

实验 1

全包巴黎假期　　全包罗马假期

但是，后来研究人员又进行了第二项询问，这一次增加了一个选项，即没有咖啡的全包罗马假期。然而，包含咖啡的全

包罗马假期不仅比不包括咖啡的全包罗马假期更受欢迎，其受欢迎程度甚至超过了全包巴黎假期。

实验 2

全包巴黎假期　　没有咖啡的全包罗马假期　　全包罗马假期

在已知信息不多的情况下，大脑会寻找有关三个选项的关联线索。"没有咖啡的全包罗马假期"选项的出现提供了一个线索，它暗示罗马旅行非常有价值。之所以从中去掉了一些内容，就是因为这是一笔非常划算的生意。

为了发挥"金发姑娘效应"的作用，品牌通常会让中档选项的定价高于最低价位，但远低于最高价位。例如，一家航空公司销售飞往纽约的机票，其经济舱票价为 800 英镑，商务舱票价为 2000 英镑，头等舱票价为 8000 英镑。很多顾客会认为 2000 英镑的票价是最划算的，而这显然不是最优惠的价格。

这些心理登月法则描述的一切均强调了一个根本性的谬误，而这正是我们讲述故事和提供体验的动力：我们相信自己是理性的，每一次我们被告知自己的决定并不合理时产生的认知失调可以证明这一点。因此，在为他人设计市场营销方案时，我们也会假设他人是理性的，为此我们会倾向于通过艰苦的工作去做切实的改进，而不是轻巧地动用心理学技巧。

我们的决定并不是由理智驱动的，它们是由<u>社交线索</u>、<u>非理性的恐惧</u>和<u>生存本能</u>造成的荒谬想法驱动的。

优秀的营销人员、会讲故事的人和品牌塑造者都明白，追求心理登月并不是一种恶意的、不道德的或虚伪的做法。它是公平的，因为这些心理认知同样会对你形成阻碍。因此，同样公平的是，你也有理由利用相同的力量，将这些词语、语境、污名和观点转化成对你有利的工具，创造一条通往认知的捷径，让世界以更真切的方式体察你所创造的事物的美好、价值和重要性。在心理登月方面，一切都是公平的。

☆法则：充分发挥"金发姑娘"的优势

人们倾向于根据具体情况做出价值判断，因此在有一系列选择时，你可以讲述一个故事，影响潜在客户对你的标准产品的认知。

环境创造价值。

法则 17
让顾客试用，他们就会愿意购买

这条法则将向你揭示一种让人们立即爱上一款产品的最简单的方法。

"不，史蒂文叔叔，它是我的！"我的外甥女惊呼道，她的眼里满是泪花，原因是我当时小心翼翼地要求她把我刚刚送给她的圣诞礼物还给我。

在为包括我的外甥女和外甥在内的全家人包装礼物的狂热之情中，我犯了一个不成熟的错误，我忘了给每件礼物贴上带有姓名的标签。结果我无意中将给我外甥的巴斯光年玩偶（那是他一直以来都喜欢的角色）给了我的外甥女。现在，我眼睁睁地看着我的外甥拆开了那个装着艾莎玩偶的礼物，那才是我外甥女的心头好。

整个房间陷入沉默，我试图改变现状。我的外甥女将巴斯光年紧紧抱在怀里，她的眼睛眯成一条缝，目光决绝。"但是……但是，"我结结巴巴地说，"你看，弄错了。这个巴斯光年实际上是给你哥哥的！"

外甥女的目光在我和她心爱的玩具之间来来回回，房间里的紧张气氛不言而喻。而我的外甥也感觉到了眼前正在发生的事，他在拆礼物的途中停了下来，伸长脖子想看看这一幕。

我认输了。

"好吧，你留着它吧。"我不打算和一个决绝的泪流满面的三岁小女孩谈判。这种闹剧根本不值得。

令我惊讶的是，我的外甥已经打开了他全新的艾莎娃娃，他看上去似乎很满意。他没有抱怨，也不想交换。他抱着艾莎娃娃的欢喜劲儿和他的妹妹抱着巴斯光年的样子如出一辙。他俩都很喜欢自己的礼物，但我知道，如果让他们在玩具店里选择的话，他们会有别的选择。

　　这次圣诞礼物包装"翻车"事件给我上了一堂深刻的心理学课，行为心理学家称之为**"禀赋效应"**（endowment effect）。禀赋效应是一种认知偏差，它会让人们仅仅因为拥有一件物品而高估它的价值。也就是说，人们对自己拥有的物品的依恋程度要远远高于他们并不拥有的类似物品。而这就是品牌一直在对我们所有人使用的一种强有力的心理伎俩。

　　苹果公司就是这样的。苹果公司的每家商店都为消费者提供了互动体验，所有产品都开放展示，以供使用。

　　此外，苹果公司坚持要求店内每台设备都接上电源、装上应用程序和接入互联网，并将所有屏幕的倾斜度都调整到完全相同的角度，从而吸引人们进行更多体验。苹果公司还对员工进行严格的培训，要求他们不能强迫顾客购买（由于店铺员工无法通过销售获得提成，所以这一点有了保障），也不能请顾客离开，从而为顾客提供了无限的产品体验时间。

　　在一对一的工作坊里，他们的目标是让顾客自己找到解决方案；在没有客户允许的情况下，他们不会触碰电脑。

　　这听起来可能只是一种善意或良好的礼仪，但我可以向你保证，这些做法都是经过深思熟虑的。在这里，苹果公司调用了两种潜意识心理咒语的力量。一种是我们在法则 11 中看到的"单纯接触效应"，它可以通过提高产品在消费者面前的曝光率来提高消费者对产品的喜爱度；另一种是"禀赋效应"，它可以通过让消费者拥有产品的方式来提升他们的感知价值。

简而言之，单纯接触效应让你更喜欢某个产品，而禀赋效应让你更看重某个产品。

苹果公司认为，创造"**拥有的体验**"（ownership experience）比硬性推销更有效。苹果专卖店提供的多感官体验正是如此。

实际上，它的威力非常大，以致美国伊利诺伊州总检察长在 2003 年向购物者发出警告，提醒他们在购物时多加小心，不要轻易将商品当作自己的物品。尽管这一警告听起来有些奇怪，但它的依据是历经 30 年的研究成果。

在 2009 年由威斯康星大学开展的一项研究中，几组学生被要求对两种产品进行评价：一个弹簧玩具和一个茶杯。第一个实验要求一组学生触摸这些产品，但不允许另一组学生触摸。接下来的实验要求一组学生想象自己拥有这些产品，但不要求另一组学生这么做。不同寻常的是，触摸产品或仅仅想象自己拥有产品提高了参与者对产品的估价。

苹果公司允许用户无限制地停留并使用产品的策略也是经过精心计算的，其依据在于，更深入的研究显示，顾客体验产品的时间越长，他们购买产品的意愿就越强。

"做个小熊"（Build-A-Bear）是一家拥有 400 家分店的全球性公司，专注于提供多感官、参与式和交互式的体验。在这家公司的店铺里，儿童可以选择、设计和参与制作自己的毛绒玩具。尽管这家公司不是一家真正意义上的"商店"，并且自称"工作坊"，但是这里的每只小熊都挂着一个标牌，标牌上写着：给我穿衣服、抱抱我、听我说话、摸摸我、选我！这些文字可以唤起单纯接触效应和禀赋效应，鼓励孩子们去触摸这些小熊。

1984 年的一项研究提供了更多有关所有权影响力的证据。在这项研究中，研究人员向参与者赠送了一张彩票或两美元。之后，每个人都有机会将彩票换成钱，或将钱换成彩票。只有少数参与者愿意交换。

真实世界中的情况又如何呢？杜克大学的丹·艾瑞里（Dan Ariely）和齐夫·卡蒙（Ziv Carmon）对日常生活中的禀赋效应进行了研究。篮球是杜克大学最热门的运动，以至于球场没有足够的空间容纳所有想看比赛的人。为此，学校设立了一个随机抽签系统来分配每场比赛的门票。

重要的是，艾瑞里和卡蒙在大学篮球锦标赛"疯狂三月"的最后一轮进行了他们的实验，这时门票的需求程度比平时更高。为了参加抽签，学生们都在校园里耐心等待。

抽签结束后，抽中者被问道，如果有人想买他们的票，他们是否愿意卖出。那些没有抽中门票的学生则被问到愿意出多少钱买票。

那些没有抽中门票的学生愿意出价的平均值为 175 美元，而那些抽中门票的学生则表示低于 2400 美元不卖。由此可见，拥有门票的人对门票的估价是没有门票的人的 14 倍。

门票实验

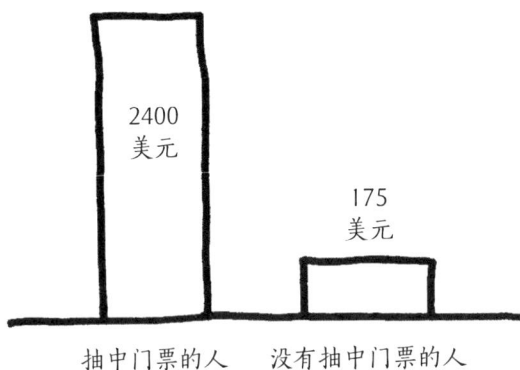

抽中门票的人　　　　　没有抽中门票的人
你愿意开价多少卖掉这张票？　你愿意出价多少买这张票？

☆ 我们为什么会有占有欲

占有欲可以追溯到数千年前的人类历史，现在我们依然可以在我们的灵长类表亲身上观察到。

2004 年，两位经济学家利用黑猩猩、果汁冰棍和装在管子里的坚果黄油进行了一项实验。他们之所以选择装在管子里的坚果黄油，是因为它不会被很快吃光，而且可以保存很久。当黑猩猩进行选择时，58% 的黑猩猩选择了坚果黄油而不是果

汁冰棍。令人惊讶的是，在得到坚果黄油的黑猩猩中，近 79%
的黑猩猩不愿意以此交换果汁冰棍。而在那些得到果汁冰棍的
黑猩猩中，有 58% 的黑猩猩拒绝用果汁冰棍换坚果黄油。

经济学家的结论认为，禀赋效应很可能在人类进化早期就
已在我们内心深深扎根。但为什么早期人类会如此保护他们所
拥有的东西，而不愿意为他们尚未拥有的东西进行交换或付出
代价呢？答案在于，与交易有关的风险，特别是对方不公平行
事的情况，严重阻碍了交易。我们的祖先没有可靠的手段来执
行交易条件，因此他们降低了愿意为物品支付的价格（交易价
值），以弥补最终一无所获或所得少于应得的风险。

☆法则：让顾客试用，他们就会愿意购买

对营销人员和品牌来说，将产品放在顾客手中始终是一种
令人难以置信的强大销售工具。下一次，你可以试着让某人爱
上一样东西并为之付出高价，不要仅仅告诉他们这件东西有多
好，要充分利用禀赋效应，参考苹果公司的做法：让他们触摸
产品，让他们试用产品。如果你这么做，你的顾客就会和我的
外甥女一样，他们很可能就此不愿放手了。

从"拥有"的角度让平凡变得不平凡。

法则 18
努力做好前五秒

这条法则可以证明为什么在营销、商业活动和促销中，你的成功往往取决于区区五秒。如果你可以正确利用这五秒，你就会成功。

我尴尬地停顿了十秒钟——带着不祥的表情看着台下。

"这就是你会被学校开除的原因。你**无法**坚持任何你不相信的东西。你总觉得自己知道更好的办法。你在回到大学之前，不要给我打电话，也不要给家里任何人打电话！"就这样，母亲挂断了我的电话。

这四句话是我在 2015 年至 2020 年期间，在世界各地的 300 多场演讲中所说的第一段话。这是我的母亲在我打电话告诉她我要从大学辍学创办公司时对我说的非常情绪化的四句话。

　　我没有介绍自己。我没有说我的名字或我代表的公司。我知道，在最初的五秒里，观众的习惯化过滤器要么接受我，给予我关注，要么忽略我，将我当成背景墙，然后关注别的东西。因此，**在任何事情中，最初的五秒都是决定成败的关键。**

　　就像我之前说过的那样，我的营销公司从未派出过销售团队，但我们还是吸引了世界知名的大公司客户，比如亚马逊、苹果公司、三星、可口可乐，并且创造了高达九位数的收入。

　　如果我可以把我们的成功归结为一件事——法则10中提到的巨大的蓝色滑梯很接近，这毫无疑问就是我们讲述的最引人入胜、最令人惊讶和最动情的故事。我从不推销，也从不用图表、统计或数据来轰炸观众。我每次演讲的开头和结尾听起来都更像《哈利·波特》的故事，而非销售演示。

　　和大多数人一样，当我对某件事感到厌烦时，我的注意力会变得非常不集中，以致我因为在课堂上睡觉、逃课以及出勤率只有31%而被学校开除。等我上了大学，我在第一堂课上睡着了，第二天就退学了，而且再也没有回去。我想正是因为如此，我不自觉地明白了讲故事的重要性。如果一个人长时间以同样的声调对我说话，这只会触发我大脑中的"打盹按钮"。

　　但是，出于某些原因，讲台上的大多数故事依然枯燥得可怕。在耗费了多年的血汗和泪水创造出某些东西之后，创造者几乎总是会陷入一种妄想似的、以自我为中心的泡泡之中。他们开始相信，自己创造的东西相当具有革命性，非常令人着迷，而且生来就值得被世人关注。

从这种扭曲的、自我陶醉的角度来看，创造者最容易掉入的最险恶的陷阱就是，在向世界讲述故事时相信受众和他们一样关心他们自己，以及他们的产品、辛勤工作和"创新"。一旦如此，他们讲述的故事便会落入冗长而乏味的窠臼。

相反，当一个讲故事的人明白没有人（绝对没有人）像他们一样关心自己，没有人在乎他们的牙膏是不是更清凉，没有人在意他们的营销机构是不是更大胆，也没有人在意他们的服装品牌是不是更合身，他们就会讲出引人入胜、充满情感和具有冲击力的故事，让你别无选择，你只能全神贯注地听他们讲的每一个字。

野兽先生（MrBeast）可以说是 YouTube 最知名的博主：他有大约 1.5 亿订阅者，他的视频播放量高达 300 亿次，据说他每年从视频中获得的收入高达数亿美元。最近，他宣称自己将成为 YouTube 第一位亿万富翁用户，我相信他。

他是怎么做到的呢？用他自己的话说，每条视频的前几秒是最重要的。在每段视频的前五秒，他都会传递他所谓的"诱饵"，也就是一段清晰的、吸引人的承诺，指明你为什么应该看他的视频，这些内容绕过了大脑的习惯化过滤器，让你好奇这到底是什么。这样他就能防止观众关闭播放或退出了。

他说，你不应该用别的东西做开头。你不要介绍自己，也不要"过度解释任何东西"，甚至不应该像大多数视频创作者所做的那样，即添加典型的辅助镜头画面并叠加音乐。他基本上就是直接在观众面前喊出一个令人信服的承诺，这样就可以长时间吸引观众的注意力，因为观众要等他兑现这个承诺。以下是他视频前五秒的几个例子。

视频一的前五秒：

我在现实生活中重现了《鱿鱼游戏》（*Squid Game*）中的每个场景，这 456 个人里谁活得最久，谁就能赢得 456000 美元大奖！（观看量 3.5 亿次）

视频二的前五秒：

我让 100 个人站到一个圈里，最后一个走出这个圈的人将赢得 50 万美元！（观看量 2.5 亿次）

视频三的前五秒：

我用 250 万美元买了这架私人飞机并让 11 个人将自己的手放在上面，最后一个把手从飞机上拿开的人将获得这架飞机！（观看量 1 亿次）

在过去十年里，我因为不停重复一种假设情境而闻名。每当我看到一个营销团队令人遗憾地陷入以自我为中心的幻想泡沫中时，也就是当他们落入高估世界对自己的在乎程度的陷阱时，我都会这样告诉他们：

"想象一下，你打算联系的客户名叫珍妮；再想象一下，她昨晚失眠，而且和丈夫大吵了一架，现在刚离开家准备去上班。糟糕，她的车胎在路上漏气了，车于倾盆大雨中抛锚在高速公路上。现在她要迟到了。她很生气，很疲惫。她没有时间了。她在路边拿出手机准备拨打故障服务电话，但她第一眼看到的是你的营销信息、你的广告和你的内容。在那个节骨眼上，你要对她说些什么才能让她注意到你呢？如何才能让她点击链接并购买呢？无论这个信息是什么，它就是你必须说给所有客户的话，因为如果你能在这种情况下吸引路边的珍妮，那么你一定能吸引其他人。"

你在构思故事时，首先要迎合最不感兴趣的受众。正是因为这一点，本书的每条法则都以一段吸引人的五秒陈述作为开头（你可能已经注意到了），告诉你为什么要了解这些法则。我知道你们中有不少人会跳过本书中的一些章节，但因为我对每条法则都给出了一条五秒的承诺，我相信这些章节的吸引力至少会提升 25%。而在商业领域，尤其是在具有复利回报的领域，25% 的增长将彻底改变你的轨迹。如果我在舞台上做了300 场演讲，那么 25% 的咨询量增长意味着十年内可能会产生数亿美元的收入，而这只是因为我聚焦了开头的五秒。

☆ 别再侮辱金鱼了

"你的注意力和金鱼一样。"

人们常用这句话来嘲弄那些注意力不集中的人，但如果近期的研究没有错的话，这句话实际上是一种赞美。

在 2015 年由微软牵头的一项研究中，加拿大研究人员监测了 2000 名参与者的脑电波活动。研究显示，在过去 15 年里，人类的平均注意力时长从 12 秒下降到 8 秒。

作为参照，同一篇文章还指出，金鱼的注意力时长有 9 秒，比人类整整多出 1 秒！因此，如果有人将你的注意力比作金鱼的注意力，那么你可以回答"谢谢"。

我们的注意力越来越分散。平均来说，一个上班族每周拿起手机的次数超过 1500 次，每天使用手机的时间高达 <u>3 小时 16 分钟</u>，每小时查看邮箱的次数高达 30 次。

然而，网页的平均浏览时长只有 10 秒左右。英国通信管理局在 2018 年 8 月的报告显示，人们醒着的时候几乎每 10 分钟就要看一次手机。

《注意力危机》（ *Stolen Focus* ）是一本有关人类不断下降的注意力的畅销书，我采访过该书作者约翰·哈里（Johann Hari），他告诉我：

我走遍了世界各地。从莫斯科到迈阿密，从里约热内卢的贫民区（在那里，注意力以一种十分灾难性的方式彻底崩溃）到新西兰的办公室，我采访了世界上 250 位研究注意力的顶尖专家。我们正在面临一场真正的危机。我们的注意力时长正在真真切切地萎缩。我们的生活方式发生了改变，这对每个人的注意力都造成了严重影响。现在，我们处在一种病态的注意力文化之中，我们每个人都很难形成并保持深度专注。这就是读书等需要深度专注的活动在过去 20 年里出现断崖式下跌的原因。

在过去的十年里，我制作了数千部视频，这些视频的留存率图表讲述了一个可预见的且往往令人沮丧的故事：在每个社交平台上，只要我的视频时长超过五分钟，我都会在开头的前几秒失去 40% 至 60% 的观众。

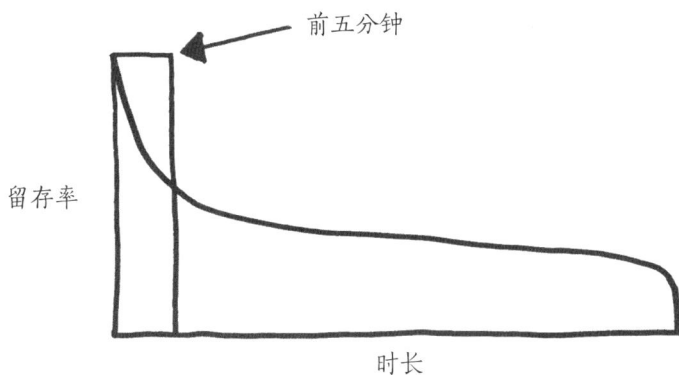

这足以说明最初的五秒极大地决定了接下来每一秒的命运。对于社交媒体内容、演讲、视频和其他争夺你注意力的媒介来说，情况都是如此。

五年前，我的营销公司负责为一家全球性的酒店供应商和订房网站推广一段视频。那是一段时长为两分半的搞笑视频，耗资数十万美元，我们的工作就是确保人们能看到这段视频。

当该公司将视频发给我们去传播时，我们一开始建议他们重新剪辑视频，让视频的开头五秒变得更具吸引力。但在他们发给我们的视频中，开头五秒是叠加了该品牌标志的地理风景。

我们得到的指示是，视频需要按原样传播，于是我们照做了，在各个参与度很高的社交媒体平台上分享了这段视频。但结果令人失望。

当客户问我们为什么视频表现不佳时，我们告诉他们，开头的五秒扼杀了整段视频。我们提出重新剪辑视频的前五秒，并确保这五秒可以改变整段视频的命运。

幸好他们同意了。重新编辑的这段视频在网上火了起来，七天内的观看量超过 300 万次。前五秒的微小改动让十秒后还在观看的人数增加了 150%，而且他们观看视频、与视频互动的时间也足够长（这让算法也能够将该视频分享出去），他们还将视频直接分享到了自己的社交媒体上。

☆法则：努力做好前五秒

最初的五秒对任何精彩的故事而言都是成败的关键，对此我还可以给出上百个客户的案例。如果你想要别人听到你的故事，那么你必须积极地、充满热情地和挑衅地设计前五秒的内容，让它令人瞠目结舌，或者令人恼怒不堪，抑或令人动情不已。摒弃温吞吞的开场白、寒暄或带有背景音乐的辅助镜头，紧紧抓住最吸引人的承诺、要点或激励。无论选用的是什么媒介，你都必须在最初的五秒内赢得你想要的关注。

注意力可能是人人都能提供的
最慷慨的礼物。

THE DIARY OF A
CEO

第 三 部 分

理　念

法则 19
必须重视小事情

这条法则揭示了每一位伟大的企业家、运动员和教练天生就明白的一个道理：你的成功将取决于你对小事的态度。小事就是那些大多数人通常会忽视、无视或不在乎的事情。要做大事，最简单的方法就是从小事着眼。

2023 年，苹果公司年终播客排名显示，我的播客《CEO日记》是英国下载量最多的播客。它也登上了美国 Spotify 商业播客排行榜的首位。而且同年 1 月，它在 YouTube 上获得的订阅用户数量（32 万）首次超过传奇播客博主乔·罗根（Joe Rogan）的同月数据。

与许多同行相比，我的播客是一个相对较新的节目。直到两年前，我才开始制作每周发布的视频内容。实际上，我并不认为这档节目的成功是因为我这个主持人，或者我提出的问题有多么精彩、我们的剪辑有多么优秀，抑或我们请来的嘉宾在世界上的声誉有多大。我也不是说我们做得有多么不好，或者其他人在这方面做得更好。

在我看来，我们的秘诀在于，我们比我所接触过的任何团队都<u>更在乎小事情</u>。我们常常<u>执着于数以千计的小细节</u>，而我相信大多数人会认为这些细节是琐碎的、疯狂的或浪费时间的。

我可以举几个例子来说明：在客人到达之前，我们会研究他们喜欢的音乐，并在他们到来时轻声播放。从来没有客人提到过这一点，但我们相信这会让他们感觉更好、更开放。我们还研究了最适合对话的空间温度——既不能太热，也不能过冷。在播客播出的前几周，我们使用人工智能和社交媒体广告对每集播客的标题、缩略图和推广内容进行了 A/B 测试。我们甚至聘请了一位内部数据科学家，请他创建了一款人工智能工具，将播客翻译成多种语言。如果你在法国打开播客，那么我和嘉宾的语音将自动翻译成法语。我们还开发了一款数据驱动的模型，该模型可以告诉我们应该邀请哪些嘉宾，嘉宾曾经讨论的表现最好的话题，以及谈话的最佳长度，甚至播客标题应该有多少个字符。

我们的成功虽然不能归功于我们在某一件事上做到了最

好，但**可以**归功于我们对小事情的不懈关注。寻找微小的看似琐碎的改进方法已经成为我们的信仰。我的所有公司都秉承这种一丝不苟的理念，这也是世界上最具创新性、发展最快和最具颠覆性的品牌所共有的特点。

☆ 持续改善

77 年来，虽几经沉浮，但通用汽车公司（GM）始终处于行业领先地位，其每年的汽车销量高于全球其他公司。但近些年来，丰田汽车公司（Toyota）因其制造汽车、组建公司和培育文化的独特方法将通用汽车公司推下了神坛。

2022 年，丰田汽车公司成为当年全球销量领先的汽车制造商，同比增长 9.2%，与仅次于它的竞争对手大众汽车公司（Volkswagen）相比，两者之间的差距扩大了近 200 万辆车，而前一年的差距仅为 25 万辆车。

丰田汽车公司成功的核心在于它的"丰田生产方式"（Toyota Production System）。该生产方式在第二次世界大战后的日本发展起来。当时日本正在进行战后重建，面临着资金和设备短缺的问题。为了应对这些挑战，丰田汽车公司的工程师大野耐一（Taiichi Ohno）制定了一套理念，让公司可以发掘每一个零件、每一台机器甚至每一位员工的最大潜力。

丰田汽车公司的秘诀在于名为"kaizen"的理念，意思是

"持续改善"。在持续改善的理念中，创新是一个循序渐进的过程，它不是要一举实现巨大的飞跃，而是要在力所能及的任何地方，以微小的方式把小事做得更好。

持续改善的理念坚决反对只有公司高层几个人负责创新的观点，它坚持认为创新必须成为所有员工的日常工作和关注点。

据称，由于采用了持续改善的理念，丰田汽车公司每年实施的新创意多达 100 万个，而且其中大多数创意来自工厂的普通工人。

值得注意的是，据说丰田汽车公司的美国工厂收到的来自工人的建议是来自日本同行的 100 倍。

例如：增加水瓶的尺寸，好让员工充分喝水；降低架子的高度，方便员工拿取工具；放大安全警告的字体，减少事故的发生。这些通常都是小建议。

这些建议看上去微不足道，但持续改善的理念相信，正是这些最小的改进才能不断推动公司前进，使其领先于那些不在乎细节的竞争对手。

持续改善的理念认为，你必须创造一套标准，确保每个人都按标准行事，同时让每个人都找到方法来提升标准，继而不断重复这一过程。

创造一个标准

每个人都按
新标准行事

每个人都找到
办法来提高标准

实施改善

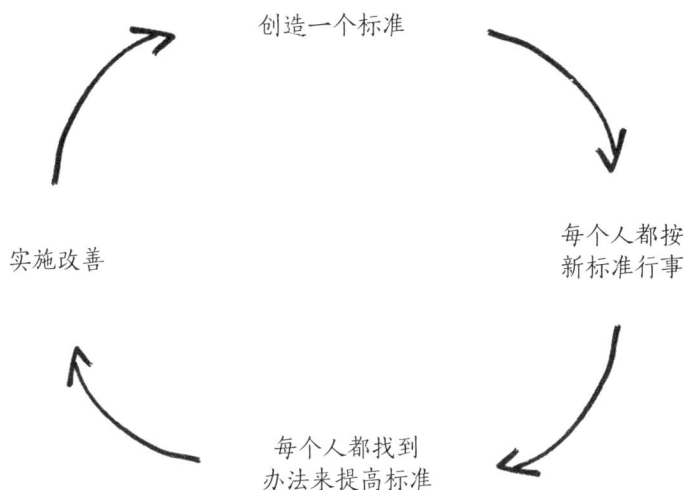

☆ 持续改善与传统观念

丰田汽车公司是日本最成功的公司之一，很多人认为它的成功得益于日式文化、薪酬激励或员工态度。但历史给了我们另一种说法。

20 世纪 80 年代初，在罗纳德·里根担任美国总统期间，由于日本向美国大量出口汽车，美国和日本之间的关系日益紧张起来。美国工业陷入困境。通用汽车公司位于加利福尼亚州弗里蒙特的工厂就是这一困境的最佳证据。在质量和生产效率方面，该工厂是通用汽车公司有史以来最差的。与其他工厂相比，该工厂组装一辆汽车的平均耗时要长得多，而成品汽车的缺陷率则高达两位数。

该工厂的员工停车场里几乎没有弗里蒙特制造的汽车，员工缺乏自豪感和自信心的情况由此可见一斑。该工厂积压了大约 5000 份工会申诉书，汽车工人联合会的工人也曾多次罢工和"请病假"。这里的工作环境恶劣，该工厂似乎难以为继。

为了填补超过 20% 的缺勤率，每个班次都必须雇用大量临时工。此外，该工厂还雇用了专门的清洁工来清理换班后员工停车场内的垃圾。

通用汽车公司认为这个工厂已经无法挽回，于是在 1982 年 2 月关闭了工厂并解雇了全体员工。

丰田汽车公司看到了这个机会，认为这可以让它在竞争对手的主场解决更广泛的贸易摩擦，同时检验持续改善的理念。1983 年，丰田汽车公司与通用汽车公司取得接触，提出了合作的想法。弗里蒙特工厂重新开业并重命名为新联合汽车制造公司（New United Motor Manufacturing Inc.），负责生产作为主要车型的丰田卡罗拉和雪佛兰普锐斯汽车。

丰田汽车公司表示愿意投入资金，监督工厂的顺利运营，并在这里贯彻它的理念。丰田汽车公司甚至同意重新雇用原来的员工，启用原有的工会以及同样的设施和设备，尽管一年前这个工厂经历过严重的失败。

当时，丰田汽车公司的董事长丰田英二（Eiji Toyoda）认为，这是在北美建立丰田汽车公司全资工厂所必需的第一步。他也认为，这是检验丰田汽车公司生产方式可行性和可移植性的完美方式。

丰田汽车公司重新雇用了弗里蒙特近 90% 的小时工工会员工，并且实施"不裁员政策"，不让任何人被解雇。丰田汽车公司花费 300 万美元，将 450 位小组和团队组长送往丰田城接受培训，学习独特的丰田生产方式。在丰田汽车公司的理念下，工人们在工厂运营方面拥有强大的话语权。工人们原有的100 条工作要求被"团队成员"这个词取代。管理层被简化，从 14 个层级减少为三个：工厂管理层、小组领导、团队领导。

就像被施了魔法一样，原本对雇主失望透顶的员工开始参与工作相关的决策。他们接受了解决问题和持续改善方面的培训，成了他们各自所在领域的真正专家。他们的工作范围也发生了极大改变。他们的任务不是简单地做好本职工作，而是积极主动地思考和改进。

团队成员有权迅速实施改进意见，任何有效的做法都会作为最佳做法得到推广。为了解决问题，所有团队成员随时都可以在工程任何一个位置拉动线缆，即使这将导致整条生产线停止运转。

在 1985 年投产后的一年时间内，新联合汽车制造公司的工厂成了通用汽车公司全球所有工厂中质量和生产率双双第一的工厂。

原本平均每辆车有 12 个缺陷，现在只有一个，而且与之前心怀不满的员工所耗费的时间相比，现在组装汽车的时间缩减了一半。整个时间段的员工缺勤率仅为 3%，这也从一个侧面反映了员工的满意度和参与度都有了极大的提升。业务创新也飞跃发展：员工参与新创意的比例超过 90%，管理层记录了近 1000 个新创意的实施情况。

到了 1988 年，新联合汽车制造公司屡获殊荣。1990 年，丰田生产方式及其持续改善的理念成了全球制造业的行业标准。而这一切只用了不到两年时间。厂房、劳动力和设备都没有变，只有理念是全新的，这就带来了完全不同的结果。

☆可以改变未来的 1%

生活和商业经营中的伟大幻觉往往会让人们不采纳、漠视和无视持续改善之类的理念，因为他们觉得这只是小事情。

从客观角度来看，这并没有错，但大量小事情聚在一起就成了大事情，而且与激励人们去发现和实施大事情相比，以改进大量小事情作为目标更简单，更有可能振奋所有团队成员，因而也更容易实现。

生活中，一个令人遗憾的事实在于，要想**不做**那些做起来简单的事情很简单。省下 1 美元很容易，花掉 1 美元也很简单。刷牙很简单，不刷牙同样简单。因此，当事情做和不做都同样简单时，做和不做的结果在短期是看不出来的。但数学和经济学清楚地说明了我们最小的决定将会对我们未来的处境产生最大的影响。

随着时间的推移，让某件事情每天恶化 1% 和让某件事情改善 1% 之间的差别会变得相当显著。请看下表：

时间 （年）	期初资金（英镑）	期末资金（英镑）： 每天增值 1%	期末资金（英镑）： 每天缩水 1%
1	100	3778	2.5517964452291100000
2	3778	142759	0.0651166509788394000
3	142759	5393917	0.0016616443849302700
4	5393917	203800724	0.0000424017823469998
5	203800724	7700291275	0.0000010820071746445
6	7700291275	290943449735	0.0000000276106206197
7	290943449735	10992842727652	0.0000000007045668355
8	10992842727652	415347351332000	0.0000000000179791115
9	415347351332000	15693249374391300	0.0000000000004587903
10	15693249374391300	592944857206937000	0.0000000000000117074

如果一开始你有 100 英镑，并让它在 365 天中每天增值 1%，那么你在一年内可以让它的价值翻 37 倍。如果这笔资金在十年内每天都可以增值 1%，那么它将会膨胀到约 15 兆亿英镑！

相反，如果这 100 英镑每天缩水 1%，那么一年之后你的钱将很快缩减为 2.55 英镑左右，两年后你只会剩下 6 便士，十年后几乎变为零。

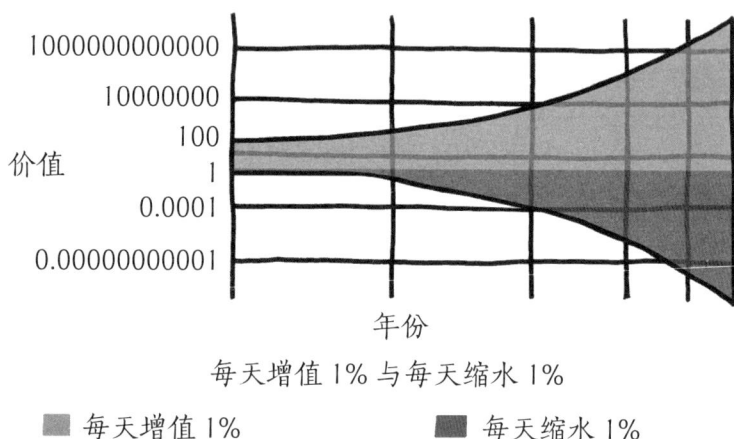

每天增值 1% 与每天缩水 1%

■ 每天增值 1%　　　　　　　■ 每天缩水 1%

今天不刷牙不会带来什么显著影响。连续一个星期不刷牙可能会导致轻微口臭，但也不会有什么严重的后果。连续五年不刷牙则会让你在椅子上尖叫，因为牙医会把你的龋齿从嘴里拔出来。但这个牙病是什么时候出现的呢？它其实是从不刷牙的那天开始的，因为你忽略了一件做和不做都同样容易的事情。

对丰田汽车公司来说，持续改善的理念并非一蹴而就。该理念用了 20 年时间才从"每人每年两条建议"的要求发展成整个公司的标准。

持续改善的理念需要<u>时间、投入和强大的信念</u>。

☆让建议增加的艺术

你可能见过一样东西，那就是公司的意见箱———一个顶部开有小口的盒子，供员工投放建议书，通常挂着一把锁，一副总是被人忽视的样子。尽管它的出发点是好的，用意也没错，但是它产生不了任何有意义的结果。原因有两个：第一，按照丰田汽车公司的标准，其中大量"建议"通常不能算作"创意"，而是匿名投诉、非建设性的批评或对公司运营方式的负面攻击；第二，少数积极的建议要么没有付诸行动，要么因为不切实际而无法实现。员工的抱怨和管理层缺少跟进的漠视态度导致了信任的崩塌和意见箱的尘封。

那么，日本公司的提案系统又有何不同之处呢？为什么这些方法能发挥作用而其他方法不能呢？是因为日本公司的员工更加聪慧或明智吗？是因为日本公司的管理人员更加开放，能够在无用的建议中找到有用的吗？这些与日本文化有关吗？答案实际上很简单，这些与任何民族文化都没有关系。

答案就在我们称之为"创意教练"的人身上，而且任何公司都可以利用这一点。当丰田汽车公司公共关系经理罗恩·黑格（Ron Haigh）被问及日本公司如何能接受意见系统里99%的想法时，他给出了一个非常有说服力的答案。

　　罗恩解释说，主管会一对一地检查员工的想法，指导他们的实际操作，并为他们提供建议和支持，让他们的想法变得周全而有效，帮助员工取得成功。这与西方大多数意见箱制度形成了鲜明对比。在西方的这一制度中，主管只会说"好"或更常见的"不好"，然后再解释为什么某个想法"永远行不通"。

　　在持续改善系统中，员工的主管就是员工的创意教练。想法仍是员工提出来的那个想法，但通过与经验更丰富且深谙"可能的艺术"的人合作，99%的想法会得到采纳，并会在合作中发展成可行的方案。

　　丰田汽车公司的所有员工都被要求每月至少提出一个创意，这成了每个人的工作核心之一。主管也要确保每一位团队成员每月至少能成功提出一个创意。这样的机制确保每个人都向着同一个方向努力，因为成功实现创意符合每个人的最佳利益。

　　教练同样也有自己的教练，每位主管都有一位教练，教练的激励机制是每月帮助每位主管开发足够多的创意。这样一来，公司从上到下的每个人都能得到正向激励去倾听、完善和支持所有的新建议。

　　最为重要的是，实施建议的人必须是最初提出建议的人。可想而知，这一原则改变了人们提出的建议类型。批评从来都不是一种建议。"我讨厌办公室里的音乐"不能算作建议，因为根据这一原则，每条建议都必须是可行的、有建设性的，而且聚焦于解决方案。

最终，丰田汽车公司的所有员工都接受了有关持续改善、丰田生产方式和建议系统如何运作的教育。但他们的西方同行很少向自己的团队传授增益累积的理念、正确提出建议的方法及其背后的原理。

☆ 不要花钱让人们提建议

公司常常把员工当作迷宫里追逐奶酪的老鼠，并且付钱让他们去做公司想要强化的行为。这是一种简单、低效、短期且成本高昂的做法。更复杂但更有效、更省钱的做法是，创造一种文化，让员工得到足够的认可，让他们足够在乎公司，让他们具备足够的动力挺身而出，从而为公司的发展做出贡献和投入精力。

在持续改善的理念下，你需要大量建议，而且通常只有这样才能取得有意义的进步。为了得到大量建议，你需要人们被自己的好奇心、驱动力和关切心驱动。有一则寓言很好地诠释了这一观点：

从前，有一位独居的老妇人。每天下午，她的安宁都会被屋外街道上吵闹玩耍的孩子们打破。随着时间的流逝，孩子们越来越吵，这位老妇人也越来越生气。一天，她想到一个办法。她把孩子们都叫过来，和蔼地告诉他们，每天听到他们开心地在外面玩耍是她一天中最开心的事情，但问题是，她年纪大了，而且一个人住，她的耳朵就快听不见了。因此，她问这些孩子们，他们是否愿意为了她而再吵闹一点？最后，她还更进一步，给他们每人25 美分作为报酬。

第二天，孩子们迫不及待地又来了，他们按要求在她的门外大吵大闹；他们每人拿到了 25 美分的报酬，并被要求再来。但这位老妇人只给了他们每人 20 美分。接下来的一天，老妇人只给了他们每人 15 美分！可怜的老妇人解释说，自己的钱快用完了，从现在起，他们的酬劳将降低到每人每天 5 美分。孩子们惊呆了，接下来他们的收入只有几天前的五分之一。他们一哄而散，发誓再也不来了。他们说一天只赚 5 美分根本不值得付出这么大的努力。

这位老妇人的聪明之处在于，她让孩子们从自己喜欢做且免费做的事情中失去了乐趣。不过，我们可以从中学到更多：我们有可能用虚假的动机去取代真正的动机。这种现象也被称为"动机排挤"（motivation crowding）：你如果在创意上附加经济奖励，就会干扰甚至削弱人们真正的创造力和干劲。

这不仅仅是一则寓言，更是科学。我采访了激励专家兼作家丹尼尔·平克（Daniel Pink），请他讲一讲经济奖励对人们积极性的影响。他分享的大量研究结果都说明，我们如果为人们因为兴趣而做的事情付钱，就会让他们失去做这件事的乐趣。当爱好变成工作时，积极性就会下降。

伦敦经济学院的学者们研究了 51 项有关薪酬绩效方案的研究，他们指出："我们发现，经济激励确实会降低内在动力，从而削弱遵守职场规范的道德感（例如保持公平）或其他理由。因此，提供经济激励可能会给整体绩效带来负面影响。"

☆ 曲解创新

创新常被描述为一种奇迹，一种只有少数天才或幸运的意外才会带来的奇迹。灯泡、尼龙搭扣、青霉素和便利贴都只是让这种误解长期存在的几个例子。

在重述这些发明故事的时候，人们几乎只强调最终结果，反而忽视了突破背后的痛苦和渐进的过程。

不要让这些迷思欺骗了你，真正的创新并非来自灵光闪现的一瞬间、偶然的运气或有意为之的天才，真正的创新几乎总是来自坚持不懈的个人和伟大团队的汗水与决心，是正确的文化和理念引领他们团结在一起。

在我创建的所有位于业界领先地位的公司中，让它们达到行业顶峰的并非一个决定、发明或创新。我的核心始终在于让我们的团队"超越竞争对手"。通过表彰、庆祝等来创造一种文化，不断向所有人证明，最细微的事情（最简单、最容易做的事情）也可以产生最大的影响。

"1%"是我在公司里重复最多的话。CEO的重要职责在于，发现并鼓励大家实现1%的收益，无论它出现在公司什么地方。

☆法则：必须重视小事情

我始终觉得我有一个"作弊密码"。当我们的竞争对手认为稳定或大规模的胜利才是登上领奖台的途径时，我知道（不带一点儿怀疑），正确的道路是通过持续取得微小的进步，并在最不起眼的地方努力实现微小的收益而一点一滴铺就的。

如果你不在乎微小的细节，你就会做出糟糕的工作，因为优秀的工作是大量微小细节的结晶。

世界上最成功的人士都会在小事情上下功夫。

法则 20

现在的小失误，未来的大损失

这条法则告诉你为什么大多数人最后会在人际关系和工作中迷失方向，因为他们忽略了生活中一条最简单且一直在不断发展的定律。

如果被问到泰格·伍兹（Tiger Woods）是如何成为史上最伟大的高尔夫球手的，我们中的大多数人会说出众所周知的事实：他是一个神童，他的天赋在两岁时就已显现；他一生都致力于训练，曾经用好几个小时去观看录像，分析自己的表现；他的父亲称他为"天选之子"，并对他的潜力坚信不疑。

但那些真正了解伍兹的人会告诉你，是他"坚持不懈、持续改善"的理念造就了他的成功。

在 1997 年的美国名人赛结束后，刚刚转为职业选手七个月的伍兹告诉他的教练布奇·哈蒙（Butch Harmon），他想要重新设计（实际上是重塑）他的整个挥杆动作。哈蒙警告他说，这是没有捷径可走的，这将是一条漫长的道路，而且在看到进步之前，他的比赛表现可能会变得很糟。

他的朋友、球友和专家都同意教练的看法，但伍兹认为自己的挥杆还可以更进一步，因此他忽视了他们的看法。他认为，重塑挥杆动作不会威胁到自己的比赛，反而会给他一个逐步提升的机会。因此，他抓住这个机会，开始了持续改善的旅程。

伍兹受到了丰田汽车公司追求完美的启示，开始把持续改善的理念视作自己的信仰。他和教练一起创造了自己的"改善式方法"：练习击球；查看挥杆录像，发掘可改进之处；在健身房和球场实施改进措施。如此反复。

正如他的教练所预言的那样，这是一条漫长的道路。伍兹不再赢得比赛。实际上，他曾连续 18 个月没有赢得任何比赛，球评家们开始说他彻底完了。但是，伍兹和他的教练坚信，经过长时间的努力，微小的进步终将显现。他这样回应人们对他的批评："胜利并不总是进步的晴雨表。"

伍兹持续改善的态度有了回报。他的新挥杆技术成了一种致命武器：比

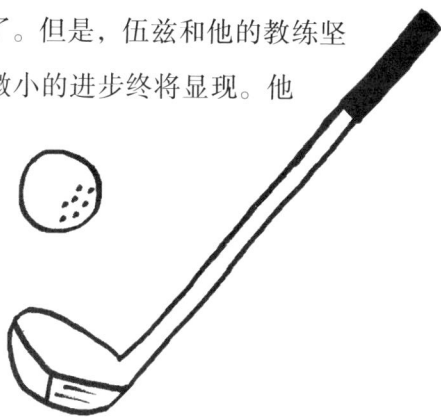

以往更加精准，也更加多变。从 1999 年年底开始，他一举创下六连胜的纪录。从那时起，泰格·伍兹堪称有史以来最优秀的高尔夫球手，他赢得了 82 次美国职业高尔夫巡回赛冠军，超过了此前的任何一位球手。

伍兹向我们证明，追求完美是一种严以律己的精神，而非英雄主义。

查尔斯·达尔文（Charles Darwin）的进化论和适者生存理论认为，如果不进行微小的适应性调整，物种就会灭绝。这一观点与持续改善的理念不谋而合。

就像达尔文认为的那样，一个人的成功并非由天才的一举一动决定。相反，它是一种理念的副产品，这种理念推动了生物体在漫长岁月中逐步进化、变异和适应。

在航空领域，有一个名为"六十分之一规则"的原理：每偏离目标 1 度，飞机飞行 60 英里就将导致与最终目的地相差 1 英里。[①]这个概念同样适用于我们的生活、工作、人际关系和个人成长。只要稍稍偏离最佳路线，差距就会随着时间的推移变得越来越大，这就好似现在的一个小小失误将在日后带来巨大损失。

———————————

① 1 英里约等于 1.61 千米。——译者注

这个原理强调了我们需要对持续改善的理念提供实时修正与调整。如果想要取得成功，我们就需要一个简单的习惯来评估我们的方向，同时尽可能频繁地在生活中的方方面面做出必要的微调。

著名关系心理学家约翰·戈特曼（John Gottman）通过数十年的研究得出结论：一段亲密关系中的"蔑视"是导致分手的最大预测因素。蔑视是对伴侣的一种微小的不敬和漠视，就像飞机偏航一样，在一些因为沟通不畅或缺乏沟通而无法解决冲突的亲密关系中，这种伤害会随着时间的推移而缓慢发生。

这种洞察让我在恋爱关系中建立了一种最为重要的持续改善的仪式：每周我都会与我的伴侣进行一次反思。我们坐下来开诚布公地交谈，寻找改进、调整和解决未决之事的微小方法，无论是大问题还是小问题。

在我们最近的一次交流中，她提到，当我的工作被打断时，我会回复"对不起，我正在忙"，这种回答有点生硬，会让人感到恼火。她问我是否可以在回答中加上一些友善的词来软化语气，因为我无意的直率让她隐约感到自己被排斥了。

现在，我不再像脾气暴躁的工作狂一样回答她，而是说"对不起，亲爱的，我正忙着呢"。尽管这个回答听上去只是稍有不同，但表达和纠正这个问题已经防止了它随着时间的推移而变得复杂化，也防止它在日后导致大问题。就像飞机稍稍偏离航道一样，我们如果把关系拉回正轨一度，就能继续向着正确的方向前进。

我将同样的原则应用于事业、友情和人际关系上。每周我都会与我的主管、朋友进行反思，甚至在我的日记里进行自我评估，确保一切都未偏离轨道，同时明确需要调整方向的地方并及时纠正。

一周又一周，我的收件箱里充斥着许多人的邮件，他们发现自己在工作、事业、人际关系和友谊上迷失了。在几乎每个例子中，我们最终都会发现，他们当前的境况正是长期忽视小事的结果。他们没有审视自己和他人，没有把问题说出来，没有参与困难的沟通，也没有解决生活中看似微不足道的问题。最终，他们稍稍偏离了航线，虽然仅仅偏离了一度而已，但这最终将他们引向了一个他们不想去的目的地。

☆法则：现在的小失误，未来的大损失

持续改善的理念并不仅仅与公司、效率或改善有关，也可以持续不断地确保你走在正确的道路上，向着你打算去的、想要去的和渴望去的目标前进。

今天因为疏忽而埋下的小种子

将在明天产生最大的遗憾。

法则 21
必须比竞争对手失败得更多

这条法则可以证明，你的失败率越高，你的成功率也就越高。这可以激励你比现在更快地开始失败！

托马斯·沃森曾经在 IBM（国际商业机器公司）担任了 38 年总裁。与亨利·福特一样，他也是 20 世纪上半叶美国最知名的企业家之一。他因在 IBM 取得的巨大成功而成为当时最富有的人之一。他的核心创新理念可以简单用一句话来概括："如果你希望提高成功率，首先让失败率翻倍。"他还说过："IBM 每一次的进步都是因为有人愿意冒险，勇于尝试新事物。"

当有人问他是否要解雇一名因犯错导致公司损失 60 万美元的男性员工时，他迅速回答说："不，我只是花了 60 万美元培训他。为什么我要让别人花钱买他的经验教训呢？"

他本能地明白，失败是成功之母，而失败的反面——缺少失败——则是 IBM 的死穴。即使在 IBM 走到行业顶峰时，他也告诫自己不要自满。和持续改善的理念一样的是，他表示："无论何时，只要一个人或一家公司认为自己已经取得了成功，他就会停止进步。"

在我听说托马斯·沃森和他关于失败的非常规观点之前，我已经花了十年时间来鼓励、评估和提高我们团队的失败率。我们都知道失败是一种反馈，也都认同反馈是一种知识，就像老话说的那样，"知识就是力量"，因此，失败也是力量。**如果你想提高成功的可能性，你就必须提高失败率**。那些做不到持续失败的人是永远的追随者。只有那些失败次数更多的才会永远被人追随。

☆ 如何提高你的失败率

缤客网（Booking.com）是世界上规模最大、最成功的酒店订房网站。但与其他行业头部公司一样，它是从一家小型的、有着种种问题的落后公司发展而来的。

吉利安·坦斯（Gillian Tans）是缤客网的前 CEO，她表示："许多公司一开始就有一款不错的产品，然后到处推销。缤客网反其道而行之。我们只有一款基础产品，但我们很努力地去研究客户到底要什么。为此，我们失败了许多次。"

在缤客网问世几年后，一位工程师参加了 2004 年的一场会议，当时他听取了微软的鲁尼·克哈维（Ronny Kohavi）有关实验和失败的重要性的演讲。他将自己的收获带回了自己在缤客网的团队，当时他们经常就发展方向等问题产生分歧，浪费了许多时间。

他们开始通过简单的实验来了解用户的需求，然后通过这些洞察来开发产品，也就是我们今天见到的缤客网。正如坦斯所说的："我们就是这样发展起来的，我们没有任何营销或公关团队，我们只是对客户喜欢什么进行不断的测试和实验。"

在看到越来越多的实验和失败给公司带来成功之后，缤客网在 2005 年开发和推出了自己的"实验平台"，从而极大地扩大了测试规模。

缤客网的产品信息总监阿德里安娜·恩吉斯特（Adrienne Enggist）回忆道：

> 我来自一家小型公司，这家公司的 CEO 每六个月就会对产品进行一次重大的重新设计。因此，当你推出某个产品时，你很难弄清哪个有效、哪个无效。在这里，团队很小，只占了一层楼的空间，但每个人都敢于冒险、勇于失败。他们快速推动微小的变化，并用实验来衡量其影响力，这是一件令人兴奋的事情。

缤客网甚至任命了一位"实验总监"，他曾宣称让公司更多、更频繁地失败并衡量这些实验是多么重要。他表示："我们相信，对照实验是打造客户需要的产品的最成功的方法。"

如今，缤客网的员工总数达到20300人，网站年收入100亿美元。网站有43种语言版本，提供超过2800万条世界各地的房源信息。就在你阅读这些内容的当下，缤客网又进行了1000项测试，由每个独立的产品和技术团队设计。他们认为，在失败次数上超越竞争对手是他们赢得竞争的关键原因。

亚马逊同样信奉"越快失败越好"。当亚马逊成为有史以来销售额最快达到1000亿美元的公司时，这家市值上亿美元的电子商务平台的创始人杰夫·贝佐斯（Jeff Bezos）向他的股东们发出了如下简报：

我认为，我们最特别的一个领域就是失败。我相信，我们是世界上最适合失败的地方（我们有大量的实践机会！），**而失败和创造是一对不可分割的双胞胎。为了创造，你必须做实验。**如果你提前知道什么有用、什么没用，那就不是实验了。大多数大型组织能够接受创造的理念，但是不愿意承受一连串必要的失败实验。

超额收益往往来自与传统智慧的对赌，而传统智慧往往是正确的。如果有10%的机会获得100倍的收益，那么你应该每次都下注。但你依然有90%的可能性出错。

我们都知道，如果你挥棒击球，那么你很有可能三振出局，但你同样有机会打出本垒打。然而，打棒球和经营公司的区别在于，打棒球的结果呈截断分布。当你挥棒击球时，无论你打得有多好，你最多只能得到 4 分。而在公司经营中，每隔一段时间，只要你走上本垒板，你就可以得到 1000 分。这种长尾分布式的回报正是大胆经营的重要之处。**大赢家通常是那些为大量实验买单的人**。

在一次相关的采访中，杰夫·贝佐斯进一步扩展了他的这一观点：

> 为了创新，你必须做实验。每周、每月、每年、每十年，你都需要做很多实验。就是这么简单。如果没有实验，你就无法进行创造。我们需要失败，特别是在我们尝试一些从未做过的、未经检验的、从未得到证明的事情的时候。这是真正的实验，它们有各种各样的规模。

亚马逊拥有全世界最大的商业坟场之一，我相信这一定是贝佐斯引以为豪的，比如 A9.com（亚马逊的搜索引擎平台）、火机（Fire Phone）和鞋类网站 Endless.com 等都是其中失败的知名项目，但你可能从未听说过它们。

然而，当某项实验成功时，业务轨迹就会彻底改变，并

且弥补此前所有失败的损失。亚马逊 Prime 会员、亚马逊回声
（Amazon Echo）、Kindle 电子书以及最知名的亚马逊网络服务
（AWS）等就是这样的例子。

亚马逊网络服务原本是作为与亚马逊电子商务业务无关的
一项实验而推出的，但是在 20 年的时间内，它已经成为有史
以来发展最快的 B2B 公司。它是世界顶级的云计算平台。它
的业务遍及全球 24 个地区，在 190 个国家拥有 100 多万名活
跃用户，收入高达 620 亿美元，年利润为 185 亿美元。2022
年，那个 20 年前的小实验已经成为亚马逊最大的利润贡献者。
2011 年，亚马逊创建了自己的实验平台 Weblab，现在该平台
每年运行的实验超过 20000 次，不断创新与改善客户体验。

在 2015 年致股东的信中，贝佐斯解释了亚马逊如何判断
应该开展哪项实验：

> 有些决策具有直接因果关系，几乎是不可逆的，这是
> 一扇单向门。这些决定必须经过深思熟虑和协商，需要有
> 条不紊地、谨慎地、缓慢地做出。如果你通过实验发现了
> 你不喜欢看到的结果，而且你也无法回到原来的位置，那
> 么我们称这样的决策为第一类决策。
>
> **但大多数决策并非如此，它们是可变的，也是可逆
> 的，这是一扇双向门。**如果你做了一个次优的第二类决
> 策，那么你不必为后果承受太久时间。你完全可以重新打

开这扇门，回到起点。第二类决策也可以由具有极强判断力的个人或小组做出。

随着组织规模的扩大，他们倾向于在大多数决策过程中使用分量很重的第一类决策以及部分第二类决策。这样做的结果是，组织行动缓慢，他们会不假思索地规避风险，而且往往未能进行充分的实验，从而降低了创造的可能性。

☆ 父与子之争

我曾经为一家食品行业领先的、市值数十亿美元的电子商务公司提供长达六年的咨询服务。该公司旗下有两个品牌。其中一个品牌由创办了整个集团的父亲经营，另一个年轻一点的品牌则由儿子创立。当我们接受委托帮助他们在营销、获客、社交媒体和创新等方面有所拓展时，起初我每周最多花四天时间在会议室里与这对父子一起开会，理解他们的品牌和目标。

我每周都在不间断地拜访这两个品牌。我和他们一同前往世界各地。我为他们的危机公关新闻稿提供建议，为他们制定社交媒体战略，为他们提供咨询服务，告诉他们应该开展哪些营销活动。当他们前往巴黎发布新产品时，我会乘飞机一同前往。如果他们在美国有一场活动，那么我会前往。如果他们在新加坡有一场重要的会议，我就会去新加坡参加。如果他们在中东推出新产品，那么我也会出现在那里。

我为他们提供了六年咨询服务，成了他们的编外家庭成员。在此期间，我看着儿子负责的品牌从一个默默无闻、规模较小、无利可图的品牌发展成行业内最受欢迎、最具文化内涵，且销售额最高的品牌。与此同时，我也看到父亲的品牌发展缓慢，停滞不前。最终，儿子的品牌创造了超过十亿美元的收入，一举超越了父亲的品牌。

我对这两个品牌、决策以及理念都有切身的体会。我可以非常肯定地说，儿子之所以能超越父亲，最重要的原因在于，儿子的失败率比父亲的高出十倍。

当我们的团队在市场营销、业绩增长或社交媒体方面取得技术上的新发现时，我们会在同一天将这个新发现同时提交给两个品牌，但我们得到的回应大相径庭。我记得有一次，我们发现了一种创新方式：我们利用在某个平台上发现的技术，可以让他们的社交媒体粉丝增长速度超过平时的20倍。2016年，我在两次不同的会议上将这个发现分别带给了父子二人。

父亲的团队听到这个发现，要求我们做一个更大的展示，并对我们的报价嗤之以鼻。他们还告诉我，这个项目需要经过层层签字才能继续。九个月后，他们仍在进行"内部讨论"。

儿子一开始并没有让我面对他们的团队做展示，他想先听听我的想法。我还没解释完，他就对助理喊道："马上把营销团队的人都叫到房间里来。"营销团队到齐后，他请我重复刚才说的话。当我解释完之后，他看着他的团队说："我们从今天就开始行动。"他回头看看我，继续说："史蒂文，无论你需要什么，我们都可以解决。我们会全力以赴，从现在开始！"

没有合同，没有律师，没有层层签字的流程，没有拖延——有的只是信任、速度和赋权。

那个新发现让儿子的品牌的社交媒体账号在接下来的几个月内增加了 1000 万粉丝。最后的结果显示，与该品牌过去采用的所有策略相比，利用我们发现的方法开发社交媒体页面的成本降低了 95%。

儿子本能地知道，这是第二类决策，哪怕失败也不会造成不可挽回的伤害。但如果成功，那么它最终会改变整个品牌的进程。他明白，在面对第二类决策时应该遵循贝佐斯那样的观点，即"第二类决策也可以由具有极强判断力的个人或小组做出"。儿子知道，最大的代价不是失败，而是错过发展的机会，以及浪费时间去学习新的东西却不管结果如何。如果实验失败，那么我们顶多损失一天的时间和一些金钱，我们还可以在接下来的 24 小时内进行下一个实验。每失败一次，我们就距离正确答案又近了一步。

父亲的品牌决定谨慎行事。然而，过了十个月，这个新发现已经不再可行。因为我们利用的平台漏洞被堵上了，发展社交媒体频道又重新变成了一件成本高昂、复杂和困难的事情。

值得注意的是，我们给儿子的团队提出的大多数想法没有取得如此惊人的成果。无论我们设计得有多完美，大多数实验都失败了。根据我的估算，每十个实验中，有三个一败涂地，有三个没能成功，还有三个看上去不错，但只有一个相当成功——成功到可以改变这家公司的命运，同时弥补其他九个实验的损失。

如果有 51% 的把握，你就决定去做。

许多年后，我有幸与巴拉克·奥巴马（Barack Obama）在巴西同台演讲。奥巴马说，在面对艰难的决定时，例如是否要连夜飞往巴基斯坦刺杀本·拉登，他往往会参考概率而不是确定性。

他说，每个决定都令人煞费苦心："如果这是一个容易解决的问题，或者一个难度不大且可以解决的问题，这个问题就不会出现在我面前，因为别人已经把它解决了。"

他不会想："如果我做了这个决定，X 或 Y 会发生吗？"但他会想："X 和 Y 发生的概率有多大？"他坚持认为团队里有聪明人很重要："有信心让比你聪明或与你意见相左的人加入团队是至关重要的。"他不仅会根据成功的概率去权衡每个决定，还会参考失败的影响。他说："在重大决定上，你无须做到百分之百的确定，你只要有 51% 的把握就可以了。当你有了这样的把握时，你就可以迅速做出决定，并且保持心平气和，因为你已经根据自己所掌握的信息做出了决定。"

回顾我与那对父子的合作和十多年来我为世界领先品牌提供咨询服务的经历，以及奥巴马的这一席话，我渐渐认识到，**完美的决策实际上都是事后发现的**，在潜在结果上纠结太久和在过程中拖延时间都是徒劳。在公司中，犹豫不决的真正代价就是浪费时间。这些时间原本可以用来失败，然后吸取教训，最终帮助你取得成功。相反，一些品牌却因为恐惧而僵持不动，在试图避免**任何损失**的过程中，最终失去了最值钱、最重要的东西：机会、知识和时间。

作家、研究员纳西姆·塔勒布（Nassim Taleb）对此用一张图做了总结：

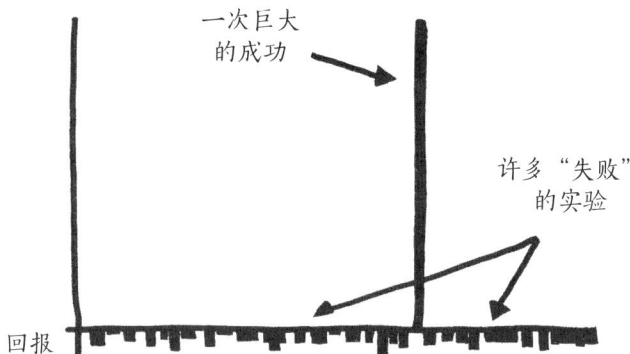

☆创造一种不惧怕失败的理念

我工作过的一些公司在这一方面做得很好，它们的实验周期非常短，它们视变革为机遇，它们比竞争对手失败的次数都要多，而且它们几乎总是超越同行。我合作过的一些公司相信这一理念，它们尝试过，但失败了。它们要求自己的团队有更多的创新。它们把要求写在办公室的墙上，但这些要求从未实现。还有一些公司根本就不相信这个理念，这些公司几乎没有一家是由创始人领导的，它们要么停滞不前，要么走向衰落。它们认为，瞬息万变的世界是一种威胁。

我发现，最具创新性的公司都自然而然地体现出五种共同的原则，我认为正是这些原则让团队在竞争中立于不败之地。

摒弃官僚主义

"它就是一条恶棍。"沃尔玛 CEO 道格·麦克米伦（Doug McMillon）如是说。"我们应当像治疗癌症一样对付它的触角。"伯克希尔–哈撒韦公司（Berkshire Hathaway）的副董事长查理·芒格（Charlie Munger）这样说。而摩根大通（JPMorgan）的 CEO 杰米·戴蒙（Jamie Dimon）则认为"它是一种病"。

这些受人尊敬的商业大亨说的都是"官僚主义"，几乎没有任何成功人士拥戴这个概念。简而言之，最糟糕的官僚公司就是那些制定了大量条条框框、审批过程痛苦烦冗且存在层层等级的公司。

这个制度削弱了员工的能力，减缓了公司的步伐，阻碍了实验，耽误了创新，而且扼杀了员工头脑中的创意金矿。

这样的制度就是对人类智慧、精力和创业精神的苛捐杂税。

正如《彼得原理》（*The Peter Principle*）一书的作者劳伦斯·彼得（Laurence Peter）所言："哪怕现状早就失去优势，官僚主义还在维护这样的现状。"

对那些在复杂的监管和国际环境中运营的公司来说，官僚主义通常被公司的领导者视为一种不幸的必然选择。美国的劳动力组成结构就是这样一个例子：自 1983 年起，经理、主管和行政人员的数量增长了 100% 以上，相比之下，其他职位的增幅只有大约 40%。

《哈佛商业评论》（*Harvard Business Review*）的一项调查显示，近年来，近三分之二的员工表示，他们所在的组织变得越来越官僚。与此同时，生产力却停滞不前。在主导西方经济体的大公司中，官僚主义现象尤为严重。在美国的劳动力人口中，超过三分之一的工人受雇于拥有 5000 名或更多员工的公司，而且一线工人之上通常有八个管理层。

考虑到世界正在以惊人的速度发生变化（正如法则 5 所说

的那样），在这样的历史节点上放慢公司的实验速度简直就是自寻死路。

海尔是一家年销售额超过 350 亿美元的中国家电公司，它比任何公司都更清楚这一点。为了避免官僚主义带来的恶果，海尔将 75000 名员工分为 4000 个微型小组，其中大部分只有 10 至 15 名员工。这些自治小组以闪电般的速度做出决策，成功地让自己失败的次数超越了竞争对手，他们以符合市场发展的速度进行创新，占据了行业主导地位。

苹果公司联合创始人兼 CEO 史蒂夫·乔布斯（Steve Jobs）在谈到公司的官僚主义时这样说：

> 我们的组织结构好似初创公司。我们是这个地球上最大的初创公司，我们每周开一次三小时的会，我们谈论自己做的所有事情。团队协作取决于我们信赖他人可以完成自己的任务，而不是一直紧盯他们。对于这一点，我们做得非常好。

我在自己的公司、客户和研究案例中发现，这里的关键在于，尽可能缩小项目团队的规模，在决策时给予他们更多的权力、信任和资源，减少所有签字流程，尤其是在团队试图做出第二类决策（后果不严重且可逆）的时候。

修正激励机制

2020 年，我的公司负责挽救一家濒临倒闭的时尚电子商务公司。新冠疫情迫使该公司关闭实体店铺、降薪裁员。员工士气低落，新来的 CEO 受命带领公司往新的方向发展。

当我第一次向这位 CEO 汇报时，我做了一个简短的概述，指出该公司需要在包括营销在内的所有领域将失败率提高一个数量级。当时，该公司落后于其竞争对手，错失良机，而且将资源浪费在无效的传统策略上。

听了我的提案后，这位 CEO 提出他已经鼓励团队多多实验，并将"更快失败"作为公司的四项核心价值观之一写入了员工手册，同时也在办公室的墙壁上醒目地贴上了这几个字。

汇报结束后，我与这家公司的员工，包括从经理到实习生的所有人，进行了长达数小时的会谈。在与品牌营销团队的会议中，我提出了一个问题："你们经常失败的理由是什么？"紧接着是长时间的沉默。我重新问道："那么，你们有什么理由不经常失败？"营销经理此前仿佛开不了的口一下子恢复了活力，她给了我一连串回答，例如，"我不想丢人"，"我不会因此加薪"，"人们会看轻我"，"我可能会被解雇"，"我忙得没时间尝试新事物"。

当她喋喋不休地说出一个又一个理由时，我们越来越清楚地认识到，困扰该组织的是一种名为"激励机制错位"的顽疾，即公司对员工的期望与对他们的激励并不一致。该公司需要创新者、冒险者和企业家。但经过仔细观察，我们发现，正如大多数发展缓慢、濒临倒闭的公司一样，激励员工的目标只是让他们做好本职工作而已。

而令我感到震惊的是，居然有 CEO 相信那些写在员工手册里的漂亮话、陈词滥调的口号和令人向往的价值观真的会起作用。

要想让言辞得以实现，我们需要证据、激励和参考。人类的行为不是由陈词滥调、口号和一厢情愿的想法驱动的。

如果你希望预测一群人的长期表现，那么你需要研究他们的激励机制，而不是他们得到的指示。

为了重新设计营销部门的激励机制，我实施了多项制度，其中一项是表彰流程，目的是在员工或团队成功执行一项实验时，无论结果如何，都对其进行表彰。毕竟，开展实验这一行为才是可控因素，而实验能否在市场上成功是不可控的，因此这并非我们的激励重点。

提拔与解雇

我告诉那家时尚电子商务公司的 CEO，要找出那些失败最快的员工，并尽可能提拔他们。公司没有统一的公司文化，公司中的每个管理者都可以在自己的领导下创造一种"亚文化"。我创办的第一家营销公司有大约 30 名管理者。我一次次地发现，一个团队的满意度、态度和理念可能与隔壁的团队全然不同，而这完全是因为管理者不同。有 30 名管理者，我们就有 30 种公司文化。

影响力是向下渗透的：你需要公司管理者成为公司文化价值观的最狂热的信徒。

当提拔这些员工或给他们加薪时，你要让团队所有成员了解他们为什么被提拔，同时指出他们的失败率特别高。

相反，对于那些阻碍新创意，以及妨碍快速失败和实验的人，你必须迅速将其清除出团队。特别是在这些人身为管理者的情况下，一个糟糕的管理者可以破坏一个由能力出众、充满想法和拥有创业精神的员工组成的优秀团队的士气、动力和乐观精神。

准确评估

在为时尚电子商务公司提供咨询时，我要求 CEO 建立一个"实验流程"，并将其传授给所有团队成员，同时不断要求每个人都遵守这一流程，告诉他们可以用这一流程来衡量并传达他们想要追求的新理念或新实验。

员工常常因为自己不清楚工作流程而不敢提出新想法。为了消除执行上的心理障碍，将流程传授给他们是最简单的方法。

最后，我告诉这位 CEO，要逐个评估每个团队的失败率，同时设立一个明确的目标：在年底前让每个团队的失败率都提高十倍。

在公司中，如果不去评估，公司就不会有改进；你关注什么，什么就会有所发展。通过确立可视化的 KPI（关键绩效指标）和明确的目标，并使其成为每个人的责任，公司的每个人就不会"忙得"没时间进行实验了——就像持续改善的理念一样，因为这已经成为每个人的工作核心。

最后，这家公司慢慢地改变了方向，一年内就实现了七年以来的首次收支平衡，第二年就实现了可观的盈利。

公司新获得的创造力、创新力和强大的劳动力令整个公司焕然一新。员工留存率提升，员工满意度飙升，公司也比以往有了更多创新。

分享失败

你如果希望最大化每一次失败带来的回报，就必须让整个组织详细了解每一个失败的假设、实验和结果。这些信息是一种知识资本，可以作为未来实验的基础。通过公开分享失败经验，你可以防止重蹈覆辙，刺激人们开发新想法，同时培养一种不断尝试的文化。正如托马斯·爱迪生（Thomas Edison）所说的那样，"我没有失败过。我只是发现了1万种行不通的方法"。

☆法则：必须比竞争对手失败得更多

失败并非坏事。为了提高成功的概率，我们必须提高失败率。每次尝试后，当发现行不通时，我们都会获得可以与团队分享的宝贵信息。那些实验更快、失败更快，然后继续实验的公司，几乎总能超越竞争对手。

失败＝反馈。

反馈＝知识。

知识＝力量。

失败给你力量。

法则 22
必须形成没有备选方案的思维习惯

这条法则将告诉你，为什么备选方案只会成为妨碍你的首选方案成功的桎梏。

接下来，我将要说的故事改变了我的一生。

1972 年 10 月 13 日，星期五，南多·帕拉多（Nando Parrado）在昏迷 48 小时后醒来。他不是因为做手术，也不是因为喝了两天酒。在安第斯山脉海拔数千英尺的冰川峡谷中，在失事飞机的残骸间，身边围绕着尸体和受伤的朋友，他无法求救，甚至无法确定他们的具体位置。

这 45 名乘客包括乌拉圭橄榄球队的队员，当时他们乘飞机前往智利参加比赛，最后幸免于难的只有 29 人。最初，他们竭尽所能，喝融化的雪水，吃能从行李中找出来的任何东西。"第一天，"帕拉多回忆道，"我慢慢地将巧克力上的花生咽掉……第二天……我轻轻地咽了几个小时的花生，我只允许自己偶尔咬上一小口。第三天，我还是这样做，最后当我把花生都吃掉时，我也就没有任何食物了。"

过了整整一个星期，南多找到了一台晶体管收音机，并得知智利当局已经取消了搜救行动。面对饥饿，南多和幸存的伙伴们做了一个难以想象的决定：他们别无选择，决定吃掉尸体。

在飞机上为数不多的女性中，有南多的母亲和妹妹，南多邀请她们去观看自己的比赛。他的母亲——时年49岁的齐妮亚（Xenia）在撞击中当场死亡，他的妹妹苏西（Susy）最初在飞机失事后活了下来，但在一周后死于哥哥的怀里。

他们吃掉的第一具尸体是飞行员的，因为他们认为飞行员应该对飞机失事负责。对于其他尸体，幸存者们一致认为不能吃，包括齐妮亚和苏西的。但南多一直担心有人会违背他们的约定，而这是他自己无法接受的，他无法忍受这种想法的煎熬。

空难发生两个月后，南多宣布他要走出去寻求援助。他饥饿难耐，既没有登山经验，也不知道要去哪里。但不知为何，他知道这是比吃掉自己的母亲和妹妹的尸体更好的选择。"我不想吃她们的尸体，我不想面对那一刻。"他说。

南多和他的朋友罗伯特（Robert）缝制睡袋，组装雪橇，然后出发。他们决定往上爬而不是往下走，因为在较高的地方可以更好地寻找逃生路线。经过三天艰苦跋涉，他们终于登上了海拔1.5万英尺①的山顶，但并没有找到他们想要的东西。

当到达第一座山的山顶时，眼前的景象让我们愣住了。我们无法呼吸、说话或思考，我们看到的东西非常可怕。我们看到了连绵的群山和白雪覆盖的山峰。它们360度地环绕着我们，一直延伸到地平线处。就在那时，我知道我死定了……但我没法回去吃掉母亲和妹妹的尸体，唯一的办法就是前进。我们会死，但即使死也要试一试……我会一直走下去，直到停止呼吸。

他们跌跌撞撞地走到山的另一边，开始沿着冰川艰难前进，身体一天比一天虚弱。两个人一瘸一拐地走了十天，穿过了冰冷的群山、深厚的积雪和致命的裂谷。

他说："那是一种模糊的、持续不断的、痛苦的努力，山简直太庞大了，让你觉得自己没有任何进展。你可以给自己设定一个远处的目标位置，你觉得用两三个小时就可以走到那里，但山实在太大了，你似乎永远也到达不了那里。"

因为疾病缠身，两个人的身体变得越来越虚弱。12月18日，他们来到一条河边。他们沿着河走，看到有人来过的痕

①　4572千米。——译者注

迹：一个汤罐头、一块马蹄铁，甚至还有一群牛。12 月 20 日，他们终于在一条大河的对岸看到了一个骑马的人。

河水的咆哮掩盖了两个人的呼救声，于是南多开始模拟飞机失事的场景，试图解释他们是谁，但他还是担心对方觉得自己疯了而骑马离开。最后，那个人将一张纸条绑在一块石头上扔了过来，纸条上写着："告诉我，你们想要什么。"

南多回复道："我来自一架坠落山中的飞机。我们已经在山里走了十天。我们没有吃的，我们走不动了。"他解释说，他还有 14 个朋友留在山里，而且都活着，他们亟须帮助。

这个男人收到纸条后大吃一惊，但他还是选择相信自己看到的内容，他骑马走了十个小时，来到最近的"文明地带"，并在第二天带着救援队回来了。于是，在飞机失事 72 天之后，南多和他的朋友奇迹般地获救了。翌日，他带领救援队乘坐直升机返回失事地点，在那里找到并救出了 14 名幸存者。

"你之所以只能往前走，是因为你无法回头。"他说。

南多的故事反映了人类在绝望无助的情况下表现出的毅力、坚韧和勇气。我在 19 岁那年偶然看到了他的故事。当时我的经济状况十分窘迫，我正在试图实现我的第一个商业创意。因为从大学辍学，我被父母嫌弃。在最糟糕的那些日子里，我偷东西，捡东西吃，生活在一个贫困地区，孤身一人，穷困潦倒。

他的故事改变了我的人生，在最黑暗的日子里给了我希望，在我最需要的时候给了我动力，同时给了我很多理由，让我不顾自身处境继续前行。经过多年的不懈努力，我摆脱了困境：我创办了成功的公司，实现了财务自由，我的人生就是我最狂野的梦想的写照。

"你之所以只能往前走，是因为你无法回头。"我也不能回头。我无路可退。没有备选方案成了我人生中最不可思议的动力。当人的大脑排除一切其他可能性，并专注于唯一一条道路时，这条道路会调动你的激情、毅力和能量，让你没有任何犹豫或偏航的余地。

在世界上其他人相信这一点之前，你的第一步就是自己必须相信它，你没有理由制定备选方案，因为这会分散你在首选方案上的注意力。

——威尔·史密斯（Will Smith）

如果我当时有其他路可选，那些黑暗的时刻就很有可能会引诱我走向其他道路。这听起来好像是动听但毫无意义的激励或不切实际的陈词滥调，但令人惊讶的是，研究人员最近发现，无论何时，制定备选方案都会对我们首选方案的成功产生消极影响。

☆也许我们应该将所有的鸡蛋都放在同一个篮子里

你也许听说过"不要把所有鸡蛋都放在同一个篮子里"的忠告。在选择职业、申请大学甚至求职的时候，人们通常认为最好有备选方案。研究表明，这种方案确实有助于减轻一些不确定性带来的心理不适。但令人震惊的是，新的研究还表明，这种做法的代价实际上非常大。

<u>设定备选方案</u>甚至考虑制定备选方案，都有可能<u>妨碍你的表现</u>，因为这么做会削弱你实现主要目标的动力。

在三项研究中，约 500 名学生被要求解开一个难度很大的单词谜题，其中包括整理混乱的语句。如果成功，他们就会得到美味的零食。在尝试解谜之前，一组学生被告知可以设计备选方案，也就是在没有解开谜题的前提下在校园里获得免费零食的方法。

研究人员发现，没有备选方案的小组表现得明显好于有备选方案的小组。他们拥有更高的积极性，更在乎成功，解开的谜题也更多。在后续的实验中，研究人员提供了不同的奖励（金钱、时间等），但结果是一样的。

其中一位研究人员，也就是行为科学家凯蒂·米尔克曼（Katy Milkman）总结道："这说明备选方案实际上会让你不那么想实现自己的目标，它会破坏你的努力、表现以及你最终成功实现目标的可能性。这些发现适用于那些成功与否高度取决于努力的目标。"

此外，尽管有些人可能会因为害怕失败而感到无法行动，但研究表明，对失败的恐惧实际上可以提供实现目标所需的动力。同样地，其他一些研究也表明，你感知到的负面情绪越多，你成功的动力就越大。然而，如果你有备选计划，你成功的动力就会减弱，因为你已经消除了对失败的恐惧。

☆冒险并不意味着鲁莽行事

如果你读到这里，并且考虑在安第斯山脉进行十天致命的跋涉，那么我需要说明一下。冒险（将全部精力集中在一个目标上）与鲁莽行事是完全不同的两件事。

当然，在我的故事中，我并没有面临死亡的危险。我很幸运地生活在这样一个社会里，哪怕我犯事被抓，我也会得到食物和住所。你们中的许多人有需要照顾的人，有很多责任，这些都是你们需要去保护的。因此，务实才是最重要的。

☆法则：必须形成没有备选方案的思维习惯

这条法则是人类生存条件下令人不太舒服、不可避免的现实之一。我们为成果投入的心力、能量和专注力与实现该成果的可能性呈正相关关系。有人称之为"显化"（manifestation），但我称之为"没有备选方案的思维"。在追求最重要的目标的过程中，备选计划是额外的负担，是激励的包袱，会让我们分心。

没有人可以比一个没有备选方案的人更有创造力、更有决心、更投入。

法则 23
不要当鸵鸟

在这条法则中，你将看到我在职业生涯中最大的失误，那就是当我应该表现得像一头狮子时，我选择当一只鸵鸟。在你的职业生涯中，当一只鸵鸟会将你置于死地。这条法则将告诉你如何不当鸵鸟。

"上帝不会让这艘船沉没。"当人们警告船只所在位置有危险的冰层时，泰坦尼克号船长爱德华·史密斯（Edward Smith）如是说。

几个小时后，这艘船撞上了冰山，海水倒灌，船开始下沉。在撞击事故发生时，大副默多克（Murdoch）正在值班，他转身对船员约翰·哈迪（John Hardy）说："我认为她（泰坦尼克号）已经完了，哈迪。"

尽管他们的生命危在旦夕，但乘客们后来回忆说，甲板上有一种怪异的平静，有一种令人难以置信和一切如常的感觉。"有人在打牌，还有人在独自拉小提琴。他们就如平时在客厅里一样平静。"乘客伊迪斯·拉塞尔（Edith Russell）说。

另一位乘客艾伦·伯德（Ellen Bird）则描述了一些人如何完全无视他们即将到来的命运："我看到一两个男人和女人站起来，向窗外望去，接着坐下，很明显他们想回屋睡觉。"

威廉·卡特（William Carter）爬上了最后逃生的一个救生艇——一艘可折叠的小船，得以生还。他曾经试图说服乔治·怀德纳（George Widener）和他一起上救生艇。卡特说，怀德纳对他的警告置若罔闻，还对他说："我看我还是碰碰运气吧。"

因此，原本数量有限的救生艇空了一部分出来。随着情况越来越紧急，船员们开始疯狂吹起哨子。他们惊恐地大声发出指令，试图将乘客送上救生艇。根据幸存者的回忆，一些船员不得不违背乘客的意愿，用自己的身体强迫他们登上救生艇。

最后，就在船即将被彻底淹没的前几分钟，大多数甲板被完全淹没了，这引起了人们大范围的恐慌。二副莱托勒（Lightoller）不得不挥舞着手里的枪，而五副罗威（Lowe）则沿着船舷开枪射击，防止人们在登上最后几艘救生艇和下降过程中造成拥塞。一名疯狂的船员甚至冲进无线电室，试图偷走正在操作无线电的首席无线电报务员杰克·菲利普斯（Jack Phillips）的救生圈。

船上共有 2240 人，最后近 70% 的人遇难了。

要理解这种否认的心态是一件复杂的事情。当你读到这个故事时，从我们事后的视角来看，这些回避现实、反应迟钝的乘客可能是愚蠢的、不理智的和鲁莽的。然而，他们的反应很好地诠释了一种非常人性、常见的行为现象，即 **"鸵鸟效应"**（ostrich effect）。

☆ 鸵鸟效应

当鸵鸟感觉到危险时，它会把头埋到沙子里。好像这样鸵鸟就能够躲避威胁，危险最终会过去。人类也一样。在面对难以接受的信息、环境和对话时，人类往往会像鸵鸟一样，将头埋进沙子里。

作为人类，我们具有逃避不适的天性。当我们知道自己超支时，我们会阻止自己去查看银行账户，我们会回避不想进行的艰难谈话。更麻烦的是，我们会推迟看医生，以及避免收到有关健康的坏消息。

英国 TSB 银行最近发布的一份报告显示，由于没有正视自己的财务状况并做出简单的改变，负债累累的英国人每月累计损失的金额高达 5500 万英镑。一项确凿的研究发现，当市场整体状况看好时，投资者可能会查看自己的投资组合；但当市场疲软或下跌时，他们会避免查看自己的投资组合。

另一项研究则更为惊人。这项研究对
7000 名年龄为 50 岁至 64 岁的女性
进行了调查，其中听说同事被
诊断出乳腺癌的女性自己去
做免费检查的可能性降低
了近 10%。

在鸵鸟效应发生的
那一刻，我们不仅会焦
虑，而且会被焦虑控
制。这种焦虑迫使我们将目光从最让我们焦虑的事情上转移。
正如心理学家乔治·范伦特（George Vaillant）所说的："否认
可能是健康的，它可以让人应对焦虑，而不是让人被焦虑压得
动弹不得；但否认也可能是无益的，它会让人自欺欺人，让人
以危险的方式改变现实。"

在公司经营中，鸵鸟效应往往是公司成败的关键。领导力
智能公司（Leadership IQ）曾收集了近 300 家解雇了 CEO 的
公司中 1000 多名董事会成员的数据。数据显示，在董事会解
雇 CEO 的理由中，23% 的原因在于"否认现实"，31% 的原
因在于"变革管理不善"，27% 的原因在于"容忍低绩效的员
工"，22% 的原因在于"不作为"。而这些问题都是公司运营中
常见的鸵鸟效应。

在公司中，盲点最少的人拥有最高的成功可能性。

当我们更贴近现实时，我们能更好地思考，能做出更好的决定，从而取得更好的成果。柯达（Kodak）、诺基亚（Nokia）、百仕达（Blockbuster）、雅虎（Yahoo）、黑莓（Blackberry）和我的空间（MySpace）等大公司从高处跌落的故事清楚地表明，那些觉得别人看不到自己的人，往往最容易在创新、变革和难以忽视的真相面前成为一只鸵鸟。

☆ 如何避免成为鸵鸟

为了准备这本书，我在纽约的办公室采访了世界知名作家尼尔·埃亚尔（Nir Eyal）。他用多年时间研究了人们在最好和最坏的时候的行为动机。他告诉我：

> 人们觉得自己的动力是寻求快乐。他们错了，避免不适才是他们的动力。哪怕是性，以及性所带来的性欲，也是我们为了缓解自己的不适。
>
> 大多数人不愿意承认这种令人不适的事实，但实际上，分心也是一种逃避现实的不健康的方式。
>
> 我们处理令人不适的内在触发因素的方式决定了我们的行为到底是寻求健康的支持还是自我挫败。

在我的职业生涯中，我的职业失误或遗憾不是那些我做出的不成功的决策。相反，它们是那些我本应该能做出却**没能**做出的令人非常不舒服的决定：那些我因为恐惧、不确定和焦虑而避免做出的决定。我没有解雇我明知该解雇的人，我回避了必须与客户进行的对话，我也迟迟未能向董事会发出我必须发出的警告。

同样地，我们都能想到鸵鸟效应可能会对我们的恋爱关系造成的有害后果：回避困难的谈话和尴尬的事情，假装一切正常。当双方都不敢说话，都没有勇气或信心去面对自己未被满足的需求时，这些共同否认和回避的症结就会让一段关系变得岌岌可危。哪怕有争吵，这些争吵也很少是积极的。在一段关系中，如果你们反复进行同一种对话，你们的对话就是有问题的，因为你们回避了你们本该进行的令人不适的对话。

各行各业都有不可避免的痛苦，但我们因为试图避免痛苦而造成的痛苦则是<u>可以避免的</u>。

在公司中，你的员工会感受到鸵鸟效应带来的痛苦以及由它造成的未解决的冲突之苦。在家里，你的孩子也会感受到这种痛苦。在生活中，你的思想、身体和心灵都会感受到这种痛苦。

在肯尼迪（Kennedy）执政时期，一位白宫工作人员曾经评论说，与总统和第一夫人关系好的时候相比，他们之间的矛盾更显而易见。当采访者对他们的关系如此透明而感到惊讶时，这位工作人员回答说：

> 实际上，他们在冲突上十分低调，但我们只要观察他们与私人助理的互动，就能知道他们是否在吵架。当理发师和运输工作人员发生争吵时，我们都知道这是因为肯尼迪和杰奎琳之间发生了某种冲突。当这些人行动一致时，我们就知道总统两口子相处得还不错。

肯尼迪政府的这个故事的核心在于，冲突会在系统内部和各级流动。当我们选择把头埋在沙子里不解决问题时，这些问题不会休眠，不会等着被解决；相反，它们会对我们周围的人产生毒性、传染性和害处。只要一天未能得到解决，它们就会造成更多的附加损害。

五年前，我意识到，我需要找到一种方法来克服自己鸵鸟般的行为，这样我才能迅速而坦诚地面对生活、事业和爱情中种种令人不安的现实。我认为，如果你不能与不安的感觉、坏消息和麻烦的事实建立良好的关系，你就无法发挥自己最大的潜力。

借助行为经济学、心理学和社会学上的建议，我创造了自己的四步走方式来应对不适感和避免拖延。

步骤 1：停下来接受现实

第一步是停下来，承认自己有些地方没做对。这种停顿的时刻往往出现在人们开始注意到自己不想要的情绪所具备的力量和可怕的持久性的时候。如果你不停下来，这一步就无法开始，你也就无法为下一步创造足够的空间。

步骤 2：反思自己

第二步是从感觉、行为和情绪上检查自己。这种审视十分重要，可以让人们开始表达只有自己感受得到的感觉：有些地方出了问题，有些事情错位了，有些需求没有得到满足，或者他们已经被某种恐惧控制。

停下来审视自己的人好似注意到案件已经发生的侦探，他们可以看到证据，但是他们还不能确定罪犯。要想解决此类犯罪，通常需要他人的协助。人们需要帮助才能跳出自己的窠臼，从而准确地诊断自己的问题，而不是简单地任由自己被习以为常的表达和抱怨方式驱使。

步骤 3：说出真心话

第三步是说出真心话。你可以分享你的反思结果，不带任何抱怨之情，但要强调个人责任。这标志着尚未得到解决的冲突开始从错误的沟通转向正确的沟通。

在鸵鸟效应中，人们往往会转过身去，避而不谈那些困住他们的情绪。他们移开目光，误判问题，并用其他事情分散自己的注意力。但是，隐藏的问题依然没有被说出来。这种沉默造成了鸵鸟效应。要想解开这种效应的控制，人们首先要从说出那些没说出的问题入手。然而，讽刺的是，科学表明，正是在谈论彼此之间的隔阂时，人们才会相互建立更多联系。

步骤 4：寻找真相

第四步是必须谦虚地寻找真相。在我们的认知偏见、正确标准和无知面前，这件事做起来比说起来要难得多。这意味着我们要去倾听。这不仅仅是听听而已，还要我们去理解。这不是要求我们从一个追求胜利的竞争对手的角度去倾听，而是要我们从一个打算克服困难的伙伴的角度去倾听。

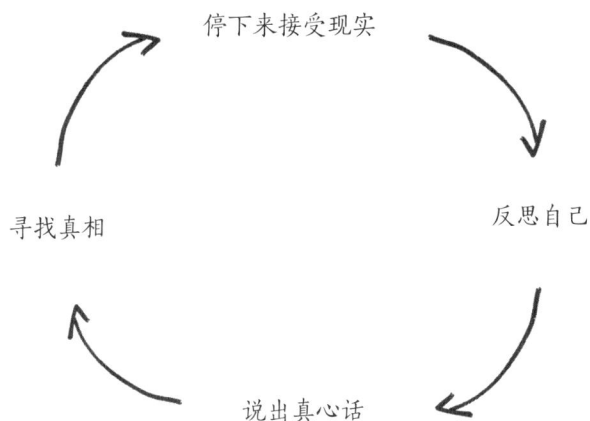

停下来接受现实

寻找真相

反思自己

说出真心话

当你去寻求、聆听并理解真相时，它造成的不适可能会诱使你再度把头埋进沙子里，但这里的关键是回到第一步，停下来，重复整个过程，直到完成。

☆法则：不要当鸵鸟

无论在公司还是个人关系中，回避令人不适的现实和困难的对话都是无益的。我们必须认识到什么是不对的，评估我们可以做的事情，分享我们的发现，最后获得真相，无论这么做多么具有挑战性。

如果你希望在事业、人际关系和生活中取得长久的成功，那么你必须尽快做到更好地接受令人不快的事实。当你拒绝接受令人不舒服的事实时，你其实选择了接受令人不舒服的未来。

法则 24

必须让压力成为你的特权

这条法则将告诉你，安乐是如何在精神上、心理上和情绪上缓慢扼杀我们的。它将帮助你理解为何以及如何必须将生活中的压力变成你的特权。

拥有 39 个大满贯冠军头衔的比利·简·金（Billie Jean King）被寄予了获胜的厚望。人们都希望她能赢球。对其他人来说，这种压力可能太沉重，但对她来说不是这样的。她已经在温布尔登赢得了创纪录的 20 个冠军头衔，整个网球界都关注着她的比赛，每位体育记者都准备着评论她的一举一动。当被问到她将如何应对全世界的热切期待带来的难以想象的压力时，比利·简·金随口回答道："**压力是一种特权——它只属于那些能赢得它的人。**"

和大多数过于简化的口头禅一样，"压力是一种特权"这句话自然会引起各种反应。人们在听到这句话时听到的是"紧张是一种特权"。因此，我在这里有必要澄清一下，紧张和压力是两种完全不同的感受。紧张是一种内在的心理反应，而压力是一种来自外界的力量。当然，压力也会因人而异，可以造成或好或坏的紧张感。但压力本身并无好坏之分。压力是一种客观情境，而非主观情绪。强大的压力给一个人带来的紧张感可能在另外一个人那里就成了快乐。

　　我并不享受所有的压力，特别是当下，因为我的压力没有一个会让我感到轻松。压力常常以我不会自愿接受的方式来考验我，但我所有最大的压力都出现在我最大的特权到来之前。压力和特权两个概念有着明确且不可分割的关系，我觉得理解它们会给我带来一种解放、动力和安慰。压力让我同时看清了我是谁、我不是谁，并且照亮了我已经走过的路和我还要走的路。对我来说，没有压力的人生就是没有目标的人生。压力并非问题所在，就像我所说的那样，压力无所谓好坏之分。但是，我们与压力的关系，我们对压力的看法和评价，以及压力造成的紧张感，可能会造成有意义或致命的后果。

☆压力不过是珠穆朗玛峰下又一个寒冷的黑夜

压力并非生死攸关的问题，但你的看法有可能是。

威斯康星大学的研究人员对 3 万名美国成年人开展了一

项有关压力的研究。他们对参与者提出了一系列问题，例如，"你在过去的一年经历了多少压力"，"你认为压力对你的健康有害吗"。八年后，他们根据公开的死亡记录排除掉逝者后找到了尚在人世的受试者。不出所料，那些在研究期间经历了大量压力的人的死亡风险增加了 43%。但是（这是一个很强烈的转折），这只适用于那些认为压力会损害健康的人。那些经历过大量压力但并不认为压力有害的人的死亡概率并不高。实际上，有分析表明，该研究中的这类人群的死亡风险是最低的，甚至比那些压力相对较小的人都要低。研究人员估计，在他们追踪死亡情况的八年时间里，美国有 18.2 万人过早死亡。这些人并非死于压力，而是死于认为压力对人有害的观念。凯利·麦格尼格尔（Kelly McGonigal）是一位健康心理学家，也是斯坦福大学的讲师。她在关于这项研究的 TED 演讲中指出："如果研究人员的估算是正确的，那么'相信压力有害'将成为美国排名第 15 位的最常见死因，它导致的死亡人数甚至超过了皮肤癌、艾滋病和凶杀。"

☆ ☆ ☆

你还记得上一次感到真正的压力是什么时候吗？你的心可能会怦怦跳，你的呼吸可能会更加急促，你的双手可能会发麻。通常，我们会将这些躯体症状解读为焦虑或未能很好地应对压力。

如果你换个角度来看待压力，把它当作身体正在为了迎接挑战而激发你的能量，会怎样呢？这正是哈佛大学的研究人员在对参与者进行高压测试前告诉他们的内容。那些学会将压力反应视为对表现有帮助的参与者不再焦虑，他们感觉更加自信，而且表现得更好。尤其有意思的地方在于，他们的生理压力反应也发生了变化。通常情况下，人在压力之下会心跳加速、血管收缩，但这是一种不健康的状态。

在这项研究中，当参与者认为自己的生理表现是有益的时候，他们的心率并没有停止上升，但他们的血管保持着放松的状态，这意味着他们的心血管反应要健康得多。麦格尼格尔表示，那些认为压力有益的参与者的心血管状况与处在快乐和勇气满满状态下的人相当。

此外，哈佛大学商学院教授艾莉森·伍德·布鲁克斯（Alison Wood Brooks）的研究表明，将焦虑的心理视为兴奋，可以提高人们在销售、谈判和公开演讲等任务中的表现。

这种心理状态上的转换以及它带来的生理变化，可能就是在 60 岁时因压力导致心脏病发作的人与活到 90 岁的人之间的区别。

我们的目标不是<u>摆脱压力</u>，而是要<u>彻底改变我们与压力的关系</u>。

　　改善我们与压力的关系的一个重要方法，就是提醒自己压力是一种积极的特权，压力是有意义的，压力是有产生背景的。有愿景的压力（例如创建公司、参加锦标赛或培养孩子）与工厂车间里工资很低的生产线工作人员所面临的压力（不提高产量就可能被解雇）之间的区别在于，人们与压力相处的方式不同。那些被我们视为自愿的、有意义的和高度自主的压力才是特权，而强制性的、无意义的、自主性低的压力更像一种心理上的痛苦。

　　"这只是珠穆朗玛峰一侧又一个寒冷的夜晚。"这是我在过去五年最艰难的时刻不自觉地重复的一句话，它让我重新认识到压力产生的背景。

　　当登山者决心要登上珠穆朗玛峰时，他们如果期望一路顺利，就太天真了。当然，开公司、攻读大学学位或养育孩子也是同样的道理：所有这些事情都会带来压力、紧张和痛苦，但由于这些压力在主观上是值得的，所以压力给人们带来的感觉也不同，而且我敢说，这种感觉是令人愉悦的。

　　当忘记压力所在的环境时，你最容易感到自己是生活压力的受害者。你生命中最有意义的挑战，将会伴随着珠穆朗玛峰一侧的夜晚一同到来。

☆让你的压力成为你的特权

幸好我们还是有可能改变自己与压力的关系的。《哈佛商业评论》发表了一项研究，该研究整合了多年来心理学上的定性和定量研究。通过对高管、学生、海豹突击队队员以及专业运动员的调查，他们发现，与那些将压力视为负面的、令人衰弱的东西的人相比，抱有"压力是一种促进因素"心态的人拥有更好的工作表现，他们的不良健康症状也更少。

我相信改变你对压力和紧张的反应可以帮助你发挥压力的创造力，同时最大限度地减少压力的负面影响。为了做到这一点，我采用了《哈佛商业评论》里的三步法，并且加上了我自己的最后一个步骤，在此分享给大家。

步骤 1：看见压力

意识是摆脱任何形式的认知循环的第一步。不要否认它，不要回避它，也不要让它麻痹你：把它说出来，说出它的名字。这会真正地改变你的大脑的反应，因为它激活了大脑中更有意识、更深思熟虑的区域，而不是原始的、自动的、条件反射式的中心。对此，《哈佛商业评论》是这样写的：

在一项研究中，研究人员向接受大脑扫描的参与者展示了负面情绪的图像。当他们被要求标出图像触发的情绪时，神经活动从杏仁核区域（产生情绪的基础）转移到前额叶皮层，这是我们进行有意识和深思熟虑活动的大脑区域。也就是说，有目的地承认压力可以让你暂停本能反应，转而选择一种更有效的应对方式。

此外，试图否认或无视压力的感觉似乎会产生适得其反的效果。彼得·萨洛韦（Peter Salovey）和肖恩·阿科尔（Shawn Achor）在《哈佛商业评论》发表的研究表明，那些认为压力会令人衰弱并努力避免压力的人，要么对压力矫枉过正，要么对压力反应不足，而那些具备积极拥抱压力心态的人对压力的皮质醇反应则更加温和。这实际上意味着，他们"更愿意在压力下寻求并接受反馈，这可以帮助他们吸取教训，从而实现长期发展"。

步骤 2：分享压力

布法罗大学的一项研究发现，每一次重大的人生压力都会让成年人的死亡风险增长 30%，除非他们之后用大量时间与亲人和近亲的社群建立联系，这样死亡的风险就不会增加。

与支持我们的人分担压力可以完全改变压力给我们带来的心理影响。我们如果选择在压力下与他人建立联系，就会产生不可思议的复原力。

步骤 3：清晰表达自己的压力

"拥有"你的压力的关键在于，认识到压力的积极作用以及压力所代表的强大信号。当事情很重要时，也就是我们对重要的事情非常在意时，我们会感到压力。在这种情况下，清晰地表达压力，可以释放积极的动力，让我们的生理反应平复下来。

这么做会提醒你，这只是珠穆朗玛峰一侧又一个寒冷的夜晚。而这是你选择攀登的山，也是值得你攀登的山。

在海豹陆战队的训练中，海豹陆战队前指挥官科特·克罗宁（Curt Cronin）这样说道：

> 领导小组设计的情境压力比任何作战场景都更加紧张、混乱和多变，这样各个小组就能学会在最艰苦的环境中集中精力。当训练压力看似难以承受时，我们便可以坦然面对它，因为我们知道这最终是我们自己的选择——我们选择成为这支能够在任何任务中成功的队伍的一员。

这样的压力是值得忍受的。

步骤 4：运用压力

在压力之下，紧张感可以帮助你取得成功。紧张感的目标就是推动你在精神和身体上达到最佳状态，从而提高你的竞技水平，让你能够应对面临的情境或问题。我们对紧张感的生理反应是分泌激素，例如肾上腺素和多巴胺，它们可以为大脑和身体提供急需的血液和氧气，让我们能够保持充沛的精力，从而提高警觉性，同时更好地集中注意力。

你看，我们的身体给了我们多么好的办法。所以，我们不要试图对抗它，而要利用它。

海豹陆战队前指挥官克罗宁最近说道："学会问一个问题，那就是这些经历会为我们带来什么？同时，督促我们将压力作为动力，不要无视压力，而要借助压力。这种方式已经被证明是一种可以帮助我们个人、团队和组织茁壮发展的工具。"

正如特迪·罗斯福（Teddy Roosevelt）的名言所说的，如果我们行将失败，至少我们是在"非常勇敢"的情况下失败的，这比"那些既不懂得胜利也不了解失败的冷漠而胆怯的灵魂更令人钦佩"。

☆压力可以救命

在准备这本书的过程中，我就紧张、压力及其相关影响采访了超过十位健康专家。其中，十倍健康（10X Health）的创始人加里·布雷卡（Gary Brecka）将我所遇到的一个最令人惊讶的反复出现的问题概括为以下几句话：

我们生活在一场舒适危机中。由于回避了对我们健康有益的困难，我们让自己在舒适中缓慢窒息。而衰老正是我们极度追求舒适的体现。

他认为，人类在生理上是茁壮发展的，并且注定要在适当的压力下生存。他说，我们应该经历极度寒冷和酷热的温度，我们不应该生活在恒温的室内环境中。我们应该对自己的身体施加精神上的压力，我们不该久坐不动。

与我对话过的其他健康专家也告诉我，避免这类生理压力的代价体现在肥胖、心脏病和其他可预防的疾病的增加上。

职业、心理和生理上的压力往往是一种特权，我们常常选择忽略它，因为它"很难应对"，就像前文所说的那样，我们喜欢逃避不适。

然而，在生活的各个方面，今天的"困难"都是我们为明天的"轻松"所要付出的代价。

☆法则：必须让压力成为你的特权

压力并不一定是负面的，如果你正确看待它的话，它也可以对你产生激励作用。认识、掌握和利用压力，是我们在实现自己的事业和人生目标时可以使用的一项强大的技能。

舒适和轻松是你暂时的朋友，
也是你长久的敌人。如果你想
要发展，请选择挑战吧。

法则 25
消极显化的力量

这条法则教给你一种我称之为"消极显化"的奇妙力量，可以让你看到红色警告、未来风险和任何阻碍你成功的因素。

根据我的经验，有一个问题让我避免损失了很多金钱，也让我避免浪费了很多时间和资源。这个问题是我在一连串的失败、挫折和失误中领悟到的，但我们常常因为这个问题会激起内心的不安而避之不谈。

回避这个问题会让你陷入危险的境地，这么做的人就像法则 23 里把头埋进沙子里的鸵鸟一样。无论你问不问这个问题，你最终都会找到答案，要么通过当下令人不快的谈话找到答案，要么在未来以更痛苦的方式领悟到答案。

2013 年，我在一次痛苦的教训中领悟到了这个问题的价值。

当时，我开发了一个名为"墙园"（Wallpark）的在线学生平台。在投入了三年时间、投资人的资本以及各种血汗和泪水之后，这个项目还是以失败告终。

俗话说，"事后诸葛亮"。回顾过去，我失败的原因似乎变得显而易见，我在不知不觉中与脸书展开了一场毫无胜算的竞争。

但问题在于，这个启示并不需要后见之明。要想认识到这一点，我根本不需要经历失败。如果我当时可以谦卑一些，具备足够的经验和实力，能够真诚地问自己一个直截了当的问题，那么我相信自己能完全避免这些时间、金钱和努力上的损失。

这个问题就是：这个创意为什么会失败？

这个问题看似简单明了，但是当我对 1000 多名初创公司的创始人进行调查时，令人惊讶的是，只有 6% 的受访者表示他们清楚自己的创意为什么会失败，高达 87% 的人清楚地知道自己的创意为什么会成功。

现实情况却是，大多数初创公司最终会失败。当这些公司失败时，就像我当时那样，创始人似乎会突然发现一个显而易见的事实，那就是大多数人会将自己的失败归咎于在高估前景的同时低估了风险。

以美国小型企业管理局（Small Business Administration in the United States）的统计为例，52% 的失败创始人承认他们低估了公司成功所需的资源，42% 的创始人承认他们没有意识到市场不需要自己的产品，19% 的创始人承认自己低估了竞争对手。

我深信，这些失败的初创公司在创业之前应该问问自己和同事一个最为关键且最有启发性的问题，那就是"这个创意为什么会失败"。医生和病人都可以证明，预防胜于治疗。而在商业经营中，如果在创业之前不能谦虚地面对失败的前景，那么失败在所难免。

这导致我们不好意思参与这种对话，甚至不敢思考失败的可能性。其中，主要原因有五个。大量研究一致发现，这些心理上的偏见很可能会阻碍你和你的团队提出这个看似简单却重要的问题。

1. **乐观偏见**。塔利·沙罗特告诉我，80% 的人有这样的偏见。简而言之，这种偏见让我们只关注好的地方，而忽略不好的地方。这种偏见阻止我提出"为什么'墙园'会失败"这样的问题，因为我天生相信并希望事情有好的结果。我们相信这种偏见给了我们进化上的优势。乐观可以帮助我们承担更多生存风险、探索新环境和找到更多新的资源，但在我们的职业生涯中，乐观会妨碍我们对风险进行充分的考量。

2. 确认偏见。我们都在某种程度上有这样的偏见。这种偏见让我们关注那些支持我们现有想法和假设的信息，也就是让我关注并接受了那些证明"墙园"是个好主意的信息，同时让我忽略了所有提出相反意见的数据、电子邮件和反馈。研究表明，这种偏见会增强我们的自尊，让我们的世界观感觉一致、连贯和正确，从而给我们带来情感上的安慰。

3. 自我服务偏见。这种偏见给我们带来了不同程度的影响，让我们相信我们的成败是自己的能力和努力的结果。这种偏见当然会阻止我思考为什么"墙园"会失败，因为它让我高估了自己的能力，同时低估了外界因素的影响，例如市场环境、竞争或其他不可预见的情况。

4. 沉没成本失误偏见。这种偏见会让我们坚持某个决定，哪怕有证据显示这是一个错误的决定，因为我们已经为这个决定耗费了时间和金钱。这也是为什么"墙园"项目持续了三年，而不是一年。我在潜意识里并不希望因为退出而"浪费"或"损失"我对这个项目投入的时间与金钱，但这样做的后果是，我浪费了更多的时间和金钱。

5. 群体思维偏见。这种偏见会阻止一群人提出"为什么这个创意会失败"的问题，因为他们不想与群体意见相左。在"墙园"项目里，始终都没有任何一个团队成员质疑过这个想法是否会失败。因为我们渴望凝聚力，所以我们可能都遵循着同样盲目的假设，而这给团队新成员造成了巨大的从众压力。

☆这个问题拯救了我的事业

2021 年，我有了一个大胆的想法。我想趁着我的播客《CEO 日记》成功的浪潮推出一个播客网络。这个雄心勃勃的计划包括创建大量全新的播客节目，每个播客都由才华横溢的知名主持人来主持。我的目标是利用团队的商业、制作和营销特长来推动这些播客的发展，让它们达到和《CEO 日记》同样的高度。

我们有丰富的经验来打造一个排名第一的播客。我有一个通讯录，上面写满了希望与我合作制作自己播客的知名人士。我还有一个负责《CEO 日记》制作的 30 人团队，而且我也有足够的财力来投资这个新项目。

为了实现这个愿景，我从《CEO 日记》团队里召集了一个五人小组。在一年时间内，我们精心策划了这个播客网络，与潜在的主持人会面，物色合作伙伴。我为筹备工作投入了数十万美元，我和团队成员也付出了大量时间和精力。在项目开始六个月后，我向世界上最大的传媒公司之一的负责人发出正式邀请，请他担任该播客网络的 CEO。令我高兴的是，他暂时接受了我的邀请，并告诉我，如果我同意他加入，他就会从原公司辞职。

最后，经过 12 个月的计划，兑现的日子终于到了。我面临着一个重要的抉择：是否应该让这个新播客网络未来的 CEO 退出他当前的高薪工作，而加入我们。我知道这个选择是无法回头的。如果我做出这个决定，我就再也不能反悔。我要全力以赴，推出一个大型播客网络。

在那个决定性的时刻，我在十多年的商业生涯中积累的智慧开始发挥作用。我召集了我的团队，提出了一个简单又不失深刻的问题："为什么这是一个坏主意？"我看着他们为难的表情，很明显他们的大脑正在应对一个全新的挑战：一个他们从未思考过的难题。

顷刻间，大家的话匣子打开了。一位团队成员指出，我们有限的人才库过于分散，这会危及我们现有的成功播客业务。一位团队成员插话进来，强调了著名主持人的潜在不确定性，如果主持人决定退出，那么我们将面临失去一切的风险。另一位团队成员则指出了他对经济状况的严重担忧，以及这将导致赞助机会减少。还有人解释说，复制我们最初的成功可能要难得多，因为有些成功是运气、环境和财富造成的。

当这一连串逻辑推理告一段落之后，一位团队成员转而向我提出了一个问题："你为什么觉得这是一个坏主意？"这时，我才发现我的潜意识里一直隐藏着一种源自过去经验的担忧，而我一直在回避这个心理上的偏见。我的回答简单而坦诚："专注力。"

我解释说，我们共同的焦点在于我们宝贵的资源。失败会让人失去专注力，因为动力和信念都被削弱了，而成功则会让人更加失去专注力，因为机会、机遇和能力都增加了。我们现有的项目依然处于关键的发展期，持续关注对我们来说既是最困难的，也是最重要的。我们有限的专注力、注意力和思考力都不可能分散在多个项目上，否则会造成严重的后果，例如那些雨点般的想法，那些凌晨1点的顿悟、走廊上的对谈。我们需要把所有宝贵的时间都集中在我们现有的播客业务上，寻找提升并发挥我们潜力的边际方法。

我强调，通过集中我们的力量，我们可以实现比任何播客网络都要高的复合回报。

几分钟后，我们一致投票决定关停该项目。

令人惊讶的是，就在一小时前，房间里的每一个人都表示支持这个想法，并且热切地希望启动这个新项目。但一个简单的、令人不适的问题改变了我们的心态，引发了重要的批判性思考，让我们清晰地看到了项目的缺陷。

一年后，因为后见之明，我可以自信地表示，开设那样一个网络将会成为一个代价巨大的错误。我们的团队可能会到达瓶颈，我们现有的业务可能会受到影响，2022年的经济衰退也会严重影响我们的业绩。

我们的专注带来了回报。2022 年，我们现有的播客业务在听众数量上增长了 900%，收入攀升了 300%。

在商业世界中，像我们这样的团队通常会用几个月的时间精心列出自己的想法以及如何取得成功。然而，他们很少用同样的时间来研究他们的想法可能不会成功的潜在原因。而这就是这个简单的问题的作用所在。

通过提出这个问题，我们推动了一种基本的批判性思维，揭示了通常被上述五种偏见掩盖的风险和挑战。我们不仅要为自己的想法寻求验证，也应该挑战自己，让自己直面这些想法的缺点。我们的目标不是简单地找到放弃这些想法的理由，而是接受"预防胜于治疗"的格言。在开展项目之前，明确潜在的问题，可以让我们解决和规避这些问题，为成功铺平道路。

☆ 事前验尸法：防止失败的秘密武器

令人遗憾的是，人类的天性往往会阻止我们思考或采用先发制人的行动来避免最糟糕的情况。我们中的许多人选择忽视健康的生活习惯，例如适当的锻炼和营养，直到我们的健康受到威胁。许多人也忽视了保养汽车的重要性，直到汽车出现故障。人们也不会更换破损的屋顶，直到雨水滴到自己的头上。

验尸或尸检是医疗专业人员通过检查尸体来确定死亡原因的一种程序。"事前验尸"则与验尸相反，是在死亡发生前进行的检查。事前验尸是科学家加里·克莱因（Gary Klein）开发的一种决策技术，它鼓励小组成员在项目开始前从失败的角度思考。事前验尸法并不是简单地问一句"什么可能会出问题"，而是让你想象"病人"已经死亡，并且让你解释**到底**哪里出现了问题。

现在试想一下，假设我们可以利用这个概念，并将其运用到我们的日常生活和专业工作中去。科学研究显示，这种简单的思维实验，即在灾难发生前进行隐喻式的"解剖"，可以极大地降低失败的可能性。

在 1989 年的一项突破性研究中，研究者们深入探讨了事前验尸法的迷人世界及其对预测结果的影响。参与者被分为两组：一组使用事前验尸法去设想各种商业、社会和个人事件，就像这些事已经发生了一样，同时剖析它们未能成功的原因；相反，另一组则要在没有任何指导的情况下进行预测。

采用事前验尸法的小组在预测特定情境如何发生和确定这些结果的成因方面的准确性明显更高。这些研究结果表明，通过事先考虑失败的方法，我们可以更好地理解失败的潜在根源，同时采取积极的措施去规避失败。

1989 年，两所大学的研究人员又进行了一项研究，发现了同样明显的结果：这种简单想象失败事件已经发生的方法将正确识别导致未来结果的成因的能力提高了 30%！

自 2021 年起，我在我所有的公司里都实践了事前验尸分析法，并取得了巨大的成功。以下是我开展事前验尸法的五个步骤：

1. **搭建舞台**。召集相关团队成员，清晰地说明事前验尸分析法的目标，明确潜在的威胁和缺点，而不是批评项目或个人。

2. **快速推进失败的进程**。让团队想象项目已经失败，鼓励团队成员用生动的细节构建失败的情境。

3. **通过头脑风暴找到失败的原因**。指导每个团队成员独立列出可能导致项目失败的原因，同时考虑内部因素和外部因素。避免群体思维的关键在于，这项工作必须在纸张上独立完成。

4. **分享与讨论**。让每个团队成员分享自己得出的失败理由，培养一个开放且不加评判的讨论环境，让大家看到潜在的威胁和挑战。

5. **制订应急计划**。根据已经明确的威胁和挑战，共同制订应急计划，从而减轻或避免这些潜在的陷阱。

☆这不仅仅是商业建议，也是人生建议

实际上，人类会做出一些相当糟糕的决定——一些被情绪蒙蔽、被恐惧诱导或被不安全感影响的决定。正如我在书中所

讨论的那样，我们并不完全按逻辑行事，我们充满偏见。在决策过程中，我们总是在寻找捷径。

事前验尸法的力量远远超越了商业领域。事前验尸法是让我在个人生活的各个方面做出更好决策的有力工具。拥有强大的决策制定机制让我在人生中最重要的领域和最重要的时刻做出了更有效、更不容易后悔的决定。

以下是你可以应用事前验尸法的不同情景：

1. **选择职业道路**。在决定职业时，你可以进行事前验尸分析，想象未来十年后自己在工作上经历了巨大的失意或失败。通过倒推，你可以找出失意的潜在原因，例如对工作缺乏兴趣、发展机会有限或工作生活不平衡等。通过考虑这些因素，你可以完善自己的职业选择，从而缓解这些潜在的问题。

2. **选择伴侣**。在考虑一段长期关系或婚姻关系时，想象这段关系破裂或变得不美满的情景。你可以找到可能让关系恶化的因素，例如价值观不一致、缺乏沟通、亲密关系出现问题或期望不同等。通过积极解决这些问题，主动寻找报警信号，你可以对伴侣关系做出更明智的决定，你也可以从一开始就努力强化这段关系。

3. **做出重大投资**。在考虑进行重大投资时，例如购买房屋或投资股票等，你可以设想一下投资导致财务损失的情况。找到导致这一结果的潜在原因，例如市场波动、调研不足或高估了自己的财务实力等。在理解了这些风险之后，你可以做出更明智的决策，开展彻底的尽职调查，从而采取措施来尽量减少潜在的损失。

在当今这个时代，我在社交媒体上看到的每一条名言都要求我"预见成功"，颂扬"显化"和"积极思考"的美德。尽管乐观主义无疑具有巨大的价值，积极思考也有其真正的优点，但消极思考——想象失败并制订相应的计划——同样具有深远的意义。

☆法则：消极显化的力量

我们的认知回路会本能地引导我们远离那些引发心理不适的想法。然而，就像把头埋进沙子里的鸵鸟一样，这种回避通常会给我们带来更大的心理痛苦。

矛盾的是，在生活的各个方面，今天进行的令人不适的对话可以为明天更舒适的生活铺平道路——预防比治疗更容易。

接受思考的这种二元性，也就是在积极和消极之间取得平衡，可以让我们拥有智慧、毅力与远见去开辟一条更成功的前进之路。

你可以通过观察一个人在处理不愉快的谈话时的意愿和能力来预测他在生活的任何领域能否成功。你的个人发展实际上被困在一场令人不愉快的谈话背后。

法则 26
技能不值钱，但销售环境很值钱

这条法则解释了如何让你因为已经掌握的技能获得更多报酬，也解释了所有的价值都来自背景环境，而非技能本身。

☆如果你可以帮助我们，我们会给你 800 万美元

我曾创办了一家社交媒体营销公司，与世界众多知名品牌合作。在经历了过山车般的十年之后，我决定在 2020 年辞去 CEO 的工作，开始一场自我探索之旅。

辞职后不久，我宣布再也不从事营销工作了。在不同领域探索的诱惑大到我无法抗拒。重新担任熟悉的社交媒体公司 CEO 的想法，并不会像十年前那样在我的心中燃起火花。更重要的是，我渴望摆脱社会给我们贴上的限制性的职业标签，例如律师、会计、牙医、社交媒体经理或平面设计师等泛泛的

职位。我认为这种标签限制了我们的潜能，最终会让我们感到不满足。

我知道，标签是一种捷径，可以让我们觉得被理解，可以告诉我们属于哪个地方，并以微妙的方式让我们确信自己在这个世界上有意义。然而，这些标签也会成为职业枷锁，扼杀我们的创造力，缩小我们的经验范围。

那时我 27 岁，我觉得自己十分年轻，不该被任何标签束缚。我唯一愿意给自己贴上的标签是"拥有多种技能的好奇小子"。我渴望为更广泛的社会挑战服务，而不仅仅是帮助公司提高运动鞋、碳酸饮料或电子设备的销量。

就这样，我那令人兴奋的新篇章展开了。

但事情并没有那么顺利……

我一直对全球的精神健康危机感兴趣，我对其成因和潜在的解决方式感到非常好奇。

2020 年，就在我辞职的那一年，新冠疫情迫使全世界陷入隔离状态，让我们失去了许多稳定的心理因素，并将心理健康问题推到了公众话题的风口浪尖。有空的时候，我开始对各种有趣的心理健康议题进行探索，其中最吸引我的是精神类药物。

我阅读了大量研究论文、临床研究和网络文章，了解了特定精神类药物在治疗人类精神疾病方面的疗效。这些化合物的科学性和尚未开发的潜力让我彻底惊呆。

生活有时会给我们展现一些无法解释的巧合、意外的发现以及行星连成一线般的天时地利，接下来我要讲述的便是其中一个故事。

就在我完成对精神类药物深入研究的几天后，我收到了一位生意上的熟人发来的短信："嘿，史蒂文，你能帮我转发这条推特吗？"让我惊讶的是，这条链接指向的是一条有关我刚刚研究过的精神类药物公司上市的新闻！我回复说："我用了几周时间研究过这家公司，我对它很感兴趣。你有参与这家公司的工作吗？"他回答道："我是这家公司最大的股东，而且我正在做一个类似的项目。我很希望你能帮我们做营销工作！"

"让我们进一步讨论一下吧。"我回答道，然后我们约好在那周晚些时候共进午餐。在用了几个小时了解这家公司的使命，与执行团队会面，并考察了他们的工作之后，我知道我希望成为这个项目旅程的一部分。

这家公司在"生物技术"领域开展业务。这个行业到处都是智慧的头脑，他们是实验室里穿着白大褂的聪明人，但他们缺乏顶尖的市场人才来帮助他们在现代数字平台上编织引人入胜的故事，推动公众对话。

为了在即将到来的上市工作中取得成功，这家公司知道自己需要利用所有可用的社交媒体平台，向大型机构投资者和普通大众有效地传播其非常应景的文化使命。

这家公司设定了首次公开募股数十亿美元的目标，而有效或无效的讲故事与营销方法之间的差距可能会决定其估值的高低。

我拥有这家公司所需要的专业知识。

我在各大数字平台上都拥有丰富的经验，而且我为各个行业的顶尖公司服务过。我是该公司应对这一挑战的最佳人选。见面一周后，我主动提出加入这家公司，在公司上市前九个月的时间里与他们一同工作。

我的职责包括制定营销战略、定义品牌、组建长期营销团队、确立团队理念，同时在我离开前为所有营销工作打下基础。他们接受了我的提案，并且承诺在第二天给我聘书。

说老实话，我加入这家公司的动机并非钱。实际上，我渴望投资这家公司，因为我越来越相信精神类药物的力量。我想让自己沉浸在科学之中，与该领域最前沿的先驱为伍，丰富我的知识储备，满足我的好奇心，然后再决定我的职业生涯的下一步。

第二天醒来后，我收到了一封来自该公司的电子邮件，主题为"薪酬福利"。当我阅读这封邮件时，我的眼睛眯成了一条缝，我不敢相信眼前的内容。除了月薪之外，他们还给我提供可能高达 600 万至 800 万美元的股票期权，职责是在九个月的时间内领导他们的营销工作，直到公司上市。这份报酬超出了我预期的十倍。

在这个时刻，我领悟到了有关技能价值的四个深刻教训。

1. 我们的技能没有内在价值。

我们的技能一文不值。俗话说，人们愿意为之付钱的事物才有价值。

2. 技能的价值由需要它的背景环境决定。

每一种技能在不同领域的价值都不同。

3. 人们对某项技能稀缺性的看法影响了人们认为它所具有的价值。

在生物技术领域，我的高水平社交媒体和营销技能就像钻石一样稀有，以至于这些公司更愿意为此付出高价。然而，当我此前在其他行业，例如电子商务、消费品和科技行业，兜售同样的技能时，这些技能的价值却大打折扣。因为我的技能在这些行业里十分常见，这意味着我只能收取生物技术行业愿意付给我的费用的十分之一。

4. 人们评估你的技能的依据在于，他们认为你的技能可以给他们创造价值。

这家生物技术公司当时正徘徊在首次募股数十亿美元的边缘。在这种高风险的背景下，我的技能有可能会对这家公司的估值产生重大影响。因此，他们自然也准备为这样的影响付出相应的代价。

回顾我之前的职业生涯，我发现当我用同样的技能推销裙子、T 恤衫和饰品等消费品时，我为客户带来的经济回报与这家生物技术公司的潜在回报相比实在微不足道。因此，我收到的酬劳也相当少。

☆ ☆ ☆

实际上，你决定出售技能的市场比你的技能本身更能决定你的酬劳。工程或生物技术行业的技术撰稿人或医学撰稿人的收入要比媒体和出版行业撰稿人的收入高，尽管他们所需要的核心写作技能都是一样的。

从事金融或咨询工作的数据分析师比从事学术或政府工作的分析师赚得多，哪怕他们从事的都是相同的数据分析工作。

人工智能、网络安全或金融科技等高需求行业的软件开发人员和程序员的收入要比从事传统 IT（信息技术）开发或网页开发人员的收入高，尽管他们使用的都是同样的编程语言。

技术领域的项目经理的薪酬比艺术、教育或社会服务领域项目经理的薪酬高，虽然他们所掌握的项目管理基本技能都是一样的。

制药、医疗设备或房地产等高价值行业的销售人员获得的佣金和奖金也要比零售或消费品行业的销售人员所获得的报酬高，虽然这两个职位所需的基本销售技能都是相同的。

在娱乐、体育或奢侈品牌等领域工作的公共关系专业人员的收入潜力要比非营利组织、医疗或教育等领域的公共关系人员的收入高，虽然他们运用的都是同一套公共关系基本技能。

在时尚、广告或商业摄影领域工作的摄影师的收费要远远高于从事新闻摄影或婚纱摄影的摄影师，虽然他们所需的基本技能十分相似。

在科技和金融等高回报和高增长行业工作的人力资源专业人士，尽管履行的是相同的人力资源职能，例如招聘、培训和福利管理等，但他们的收入高于非营利或公共部门的人力资源专业人士。

在投资银行、私募基金或对冲基金工作的金融分析师，即使使用的是相同的金融分析技能和知识，他们的收入可能也高于在公司或政府财务部门工作的金融分析师。

人们有一个常见的误解，那就是确保加薪的途径要么是在现有职位上寻求晋升，要么是在同一个行业里另寻相似的职位。然而，更有效且更有可能获得回报的方法或许是将自己的技能移植到一个全新的环境，即一个不同的行业。在那里，你的技能可以为雇主带来更高的价值。如果这样做，那么你当前的能力可能会被视为一种稀有商品，因而价值更高。这反过来也会提升你的价值。

2007 年，《华尔街邮报》（*Washington Post*）开展的一项社会实验也许是最能说明环境创造价值感知的例子。这项实验旨在探索人们如何在日常环境和意想不到的环境中看待才华和艺术的价值。

在一月的一个熙熙攘攘的清晨，世界著名小提琴家乔舒亚·贝尔（Joshua Bell）穿着普通服装，伪装成街头艺人，来到华盛顿的一个地铁站。当时，他用一把价值 350 万美元的斯特拉迪瓦里小提琴演奏了大约 45 分钟，共计六首古典乐曲。

尽管贝尔充满才华，技艺精湛，而且演奏的音乐也非常优美，但在当天路过的数千名乘客中，很少有人驻足聆听。在他的演奏过程中，只有七个人停下来听了一分多钟，而贝尔只获得了 52.17 美元。这与他通常在世界顶级音乐厅演出时每分钟数千美元的收入形成了鲜明对比。

这个故事凸显了人们常常会在特定背景下忽视价值，同时也提出了一个问题：我们在日常生活中能否真正欣赏和奖励人才。

这对我的职业生涯也是一个恰当的比喻，这就好像我也曾在地铁站推销自己的技能。但只要我把同样的技能搬入富丽堂皇的音乐厅，我的收入就会翻十倍。

2021 年，我与最好的朋友分享了这个故事及其给我的启示。当时，他的事业陷入了僵局，他受够了没有足够的钱来还贷款，但他几乎每天都在不断工作。那时，他是一名平面设计师，在曼彻斯特设计夜总会传单和当地公司的标志，每张作品售价 100 至 200 英镑，这样他平均一年可以获得 3.5 万英镑的收入。在我们谈话后又过了几周，他做出了一个勇敢的决定，他打算在一个新的环境中出售他的技能。他搬到了迪拜，将自己的设计服务重新定位于针对奢侈品牌和区块链技术公司的服务。

他在迪拜的第一年赚了 45 万英镑。2023 年，他有了新的业务伙伴，这一年他的收入预计将超过 1200 万英镑。

他的技能还是那个平面设计技能，但在不同的背景下，他的收入是之前的 30 倍。

☆法则：技能不值钱，但销售环境很值钱

不同的市场会对你的技能给予不同的估价。如果雇主或客户认为你的专业知识是稀有的或独特的，那么与你的技能组合在十分常见的行业相比，他们就会愿意为你支付更高的价格。环境是关键，你可以通过在不同行业提供同一种技能的方式来提高你的收入潜力。

要想成为行业中的佼佼者，你无须在某些事情上做到最好。你需要的是精通各种辅助的、稀缺的技能。这些技能是你的行业所重视的，也是你的竞争对手所不具备的。

法则 27

自制力公式：死亡、时间与自制力

这条法则将教会你如何通过简单的"自制力公式"做到在任何事情上都严于律己，还将教会你为什么自律是你成功实现抱负的终极秘诀。

这条法则可能是你在本书中读到的最令人不适的部分了。

我已经 30 岁了。这意味着，如果我能够幸运地活到当前美国平均寿命，也就是大约 77 岁的话，那么我剩下的日子还有 17228 天。这也意味着，我已经用掉了人生中的 10950 天，这些都是我无法回头的日子。

以下是一张明细表，列出了在你可以活到美国平均寿命的情况下，你剩下的日子还有多少。

年龄（岁）	已经活过的天数	剩下的天数
5	1825	26315
10	3650	24455
15	5475	22630
20	7300	20805
25	9125	18980
30	10950	17228
35	12775	15403
40	14600	13650
45	16425	11825
50	18250	10073
55	20075	8248
60	21900	6570
65	23725	4745
70	25550	3131
75	27375	1306

对大多数人来说，直面这一现实将会令人感到不安。就像我在我的第一本书《快乐性感的百万富翁》（*Happy Sexy Millionaire*）中详细描述的那样，作为人类的我们似乎天生就喜欢回避死亡的话题，我们视它为禁忌，就像维多利亚时代的"性"一样。我们似乎把死亡看作只会发生在别人身上的事情，我们似乎缺少接受自己死亡的情绪力量，除非不好的诊断结果让我们不得不接受。

我真心相信，有许多事情是人类大脑无法真正理解的：一件事是我们有多么渺小，生活中的每一个际遇都会诱使我们高估日常琐事的重要性；另一件事是我们总有一天会死去，从逻辑上说，我们当然知道死亡是一件什么样的事情。我们看到死亡发生在动物、亲属和其他人身上。但如果你观察一下我们关注的事情、我们对待他人的方式、我们如何囤积物品以及我们如何担忧，那么你将会看到我们不仅高估了自己的重要性，而且在某种更深的层次上，我们似乎还相信自己会长生不老。

科学家早就说过，作为人类的我们总是难以理解"无限"，但或许我们视而不见的还有"终点"这样的概念，以及我们的人生旅途终有一天会走到尽头这样不可逃避的事实。

我们天生就有这样一种假设，认为生命将永远延续下去，这可能是作为一种心理机制进化而来的，可以帮助我们缓解焦虑，鼓励我们进行前瞻性思考，最终提高我们的生存概率。从本质上看，如果人们持续意识到自己终将死亡，那么人们可能更容易产生麻痹性焦虑，从而难以集中精力去完成重要的事情，例如确保自己获得食物和住所等维持生命的资源。

然而，在今天快节奏的数字世界里，我们不停地受到各种刺激（新闻、社交媒体、电子邮件和无穷无尽的提醒）的轰炸，这些刺激常常让我们感到担忧、消极面对未来、陷入无意义的心烦意乱、变得与外界脱节以及永远漂浮在不安的情绪中。

也许接受我们的死亡才是治疗这种现代病的良方。承认我们的生命有限，我们便能够**优先考虑真正重要的事情**，从而舍弃不重要的事情，培养冷静的紧迫感，而这可以帮助我们聚焦更充实、更真切以及符合我们最重要的价值观的生活。

我需要借用你一秒钟的想象力。请想象一下，半夜在一栋老式公寓 20 层的朋友的房间里醒来，你听到了尖叫声，闻到了一股烧焦的味道。想象你跌跌撞撞地走到门口，试图逃生，但发现门被锁上了，而且你意识到窗子也被锁上了，你无路可逃。想象你最终向大火认输，失去意识，然后死去。

在 2004 年的一项研究中，当研究人员要求一组参与者想象上述场景并回答一些问题时，他们发现参与者的感恩水平直线上升。那些经历过"死亡反思"的人对生活的满意度更高，更愿意花时间与爱的人待在一起，也更有动力去实现有意义的目标，他们表现得更友善、更慷慨以及更愿意与他人合作。与对照组相比，他们的焦虑和压力水平也更低。

你终将死去。在纷繁复杂的现代社会，这个真理是一种疗愈，可以让人得到解脱，也是专注于另一个重要真理的绝佳方式。这个真理就是，你的时间以及你选择如何使用时间是你可以对世界造成的唯一影响。

你的时间分配将决定你一生的事业是成是败，你是否会健康快乐，以及你是否会成为一个成功的丈夫、妻子或家长。我们的时间以及我们分配时间的方式是我们**影响力的核心**。

之前我说过，人们难以理解终极、无限和渺小等抽象概念，也无法理解时间本身。时间缓慢地、无形地在我们视线之外的某处悄然流逝。为了让我有足够的感知力去认识时间，我创造了一个心理模型，每天我都会通过办公桌上的一个小小的轮盘钟来提醒自己思考这个问题。我将这个模型命名为"时间投注"。

☆ 时间投注

我们都是站在命运轮盘前的赌徒。

在这场人生赌局中，我们手中的筹码就是我们剩下的日子。我已经 30 岁了，因此我可能持有大约 40 万个筹码，但我不是很确定自己是否有这么多——没有人能确定。我可能只有 1 个筹码，也可能有 50 万个筹码。

这场赌局的一条规则是，我们必须每小时放一个筹码，而且一旦放下，就不能取回。轮盘一直在转动，而我们下注的方式也决定了我们从生命中赢得的回报。

我们可以将这些筹码放在我们喜欢的任何地方。我们可以将这些筹码放在看网飞视频、去健身房、做饭、跳舞、与伴侣共度美好时光、打造事业、学习技能、养育孩子或遛狗上。

如何放置这些筹码是我们可以控制的事，也是对我们的成功、幸福、人际关系、智力发展、精神健康和遗产影响最大的因素。

尽管你的筹码一旦下注就无法取回，但如果你将其中一些筹码用在改善健康上，赌台管理员就会多给你一些筹码。

筹码用完，游戏就结束了。一旦游戏结束，你就无法保留你赢得的任何东西。

考虑到这一点，你应该意识到你想要用筹码赢得什么奖励。你应该优先考虑那些可以给你带来快乐的事情，而不是那些需要努力争取才能获得的奖励，它们只会带给你消极的情绪、焦虑以及幻觉。

如果我还有 40 万个筹码，那么我可能会将其中 133333 个筹码用于睡眠。如果我能达到美国平均寿命，那么我会将 50554 个筹码放在漫无目地浏览社交媒体上，将 3 万个筹码放在饮食上，将 8333 个筹码放在去卫生间上。这样我还剩下 17 万个筹码。也就是说，我还有 17 万个小时或者 7000 天来实现我的目标、建立人际关系、养家、追求我的爱好、旅行、跳舞、学习、锻炼、遛狗以及度过余生。

我说这些可不是为了吓唬你。

我说这些是为了帮助你认识到每一个筹码——一天中的每一个小时——是多么的重要和珍贵。恰恰是这种对时间重要性的清醒认识，以及对即将面临的死亡的清晰认知，可以促使我们以明确的目标来放置我们手中的每一个筹码，不要让它们在不知不觉中被数字媒体、社交网络和心理上的干扰夺走，而要深思熟虑地逐个放置它们，将它们用在真正最重要的事情上。

50 岁时，史蒂夫·乔布斯发表了有史以来最受关注的大学毕业典礼演讲之一。在演讲的最后，他说："我自始至终都记得我很快就会死去，这是我遇到过的最重要的工具，它可以帮助我做出人生的重大选择。"

他战胜了危及生命的癌症病痛（但他最终还是在 2011 年因病去世），他接着说："死亡可能是生命中最好的发明。"乔布斯认为，不可避免的死亡可以激发人们去追求自己的激情、去冒险以及去规划自己的人生轨迹。他恳请他的学生听众们不要把时间浪费在实现别人的期望上，因为时间是有限的。

在乔布斯对那些年轻的、容易被感化的大学毕业生所说的所有内容中，他认为最重要的是提醒他们生命无常。

☆ 自制力公式

在编写这条法则时，我曾考虑分享一些时间管理策略、技巧和窍门。这些内容有很多，例如番茄工作法、时间块法、两分钟法则、艾森豪威尔矩阵、ABCDE 法、艾维·利时间管理法、批处理任务法、看板法、一分钟代办清单、1–3–5 法则、时间盒管理法、宋飞策略、4D 时间管理、两小时解决法、行动方法等。

然而，事实是，之所以会有这么多时间管理的"方法""技术"和"策略"，其理由与我们为什么会有那么多时尚饮食方法是一样的。坦率地说，从根本上看，没有一个方法能够真正解决问题。没有任何一个时间管理体系、管理拖延的方法或生产力窍门能够为你提供你最根本的需要，只有自律可以让你坚持到底，让你做出正确的决定，让你专注于重要的事情。

如果你有自制力，那么所有这些方法、攻略和技巧都会发挥作用。如果你做不到自律，那么它们都不会起作用。

因此，我不会教给你这些生产力"手段"，它们是你不自律就无法坚持的事情。我们还是谈谈自律这件事吧。

对我来说，自律就是不受积极性波动水平的影响，通过持续地自我控制、延迟满足和坚持不懈去实现追求目标的承诺。

长期保持自律的心理因素可能是多方面的，它会受到个人特质、心态、情绪调节和环境因素的综合影响。

然而，在反思这些年来我在生活中持续保持自律的重要领域时，我发现明显有三个核心因素构成了我所说的自制力公式：

1. 你眼中实现目标的价值。

2. 追求目标的过程具有多大的心理回报和吸引力。

3. 追求目标的过程让你在心理上付出的代价有多大。

☆ 自制力 = 目标的价值 + 追求目标的回报 − 追求目标的代价

让我用 DJ（唱片骑师）工作的例子来说明这个等式吧，我曾经在过去 12 个月里学习如何做 DJ。我每周会练习五次，每次一小时。在过去 12 个月里，我很好地坚持了下来。

追求目标的价值是：我真的非常想成为一名 DJ，制作自己的歌曲。我实在太爱音乐了，我热爱 DJ 艺术。当我在厨房向六位同事表演完之后，我又在锐舞派对上为 3000 人表演。我痴迷于现场音乐给我和在场所有人带来美好感觉的方式。

追求目标的回报是：每周下载新的音乐作品，挑战自己以全新的方式来混音，并进入练习的疗愈心流状态。这可以在心理上带来令人难以置信的回报，而且由于进步的力量（我将在法则 28 中介绍）——强调了进步的感觉是如何创造动力的，我对这个过程非常投入。

追求目标的代价是：用于练习的时间，保持专注所需的能量，以及我要在人群面前表演所需要克服的焦虑。

因为这个追求目标的价值和回报超过了为此付出的代价，我的自制力水平——无论我的积极性如何波动——始终保持在很高的位置。

☆ 如何影响你的自制力公式

因为无知、不安全感和不够成熟，我们在青少年末期和成年初期一直执着地追求金钱、地位和爱情。成年后，我们往往会从那些年轻时觉得没用的事情中寻求认同。我就是如此。

我是否意识到我过去的行为是由不安全感推动的？远非如此。实际上，我根本不是被"推动"的，反而被拖累了。我是否了解自己为之奋斗的真正目标是什么？当然不了解。我曾认为财富、成功和外界的肯定才是我的目标，然而在现实中，我的根本目标是，消除我内心深处的不安全感和童年羞耻。我不知道拖累我的是什么，也不知道我被拖累到了哪里。

我怀疑本书的大部分读者也是这样的情况。我怀疑大多数人并没有真正地、真切地从根本上弄清自己的目标是什么，以及为什么这些目标很重要。

要确定自制力公式里的第一个因素，也就是你所认为的实现目标的价值，你需要非常明确自己的目标是什么，以及为什么实现这个目标对你来说至关重要。这么做可以帮助你确立一套系统，不断提醒你目标的价值。

科学证明，可视化方式可以在这一方面产生巨大的影响力。一旦我们可以看到自己达到目标，我们就可以把目标想象成一个好地方，这样到达那里的感知价值（因素一）便会增加。

人们平均每天用在手机上的时间为 3.15 小时。对我来说，这个时间超过了每天 5 小时。因此，我把我的手机壁纸换成了一个可视化的情绪面板。如果你每天盯着手机屏幕看 3 小时，那么设置一张能够强化你对生活目标的感知价值的壁纸会对你的潜意识产生巨大影响。

对公式中的第二个因素来说，你必须尽你所能去享受这个过程，同时运用心理策略来保持高水平的投入程度。

我曾经连续三年坚持每周六天去健身房锻炼。每次训练时，我的多巴胺水平都会上升，可以带给我生理上的回报。不仅如此，我还有意识地建立了问责和游戏机制，最大限度地提高我在训练中的投入程度。

我创建了一个名为"健身区块链"的机制，这实际上是一个由我的十位朋友和同事组建的群组。在这个群组中，我们每天都会提交一张从可穿戴健身跟踪设备上截取的健身记录截图。到了月底，坚持程度最低的人将会被踢出群。然后，我们会通过抽签邀请一名新人加入。坚持程度排名前三的人将会分别获得金牌、银牌和铜牌，每个奖牌的分数都会计入团队积分榜。

每日的谈话、月底的颁奖仪式、玩笑、彼此的连接、风险和竞争共同形成了一种所谓的社会契约，也就是人们为实现自己的目标而达成的相互支持、相互问责的约定。科学证明，这种游戏化的机制（融入赌博式的要素，例如奖励、积分和挑战）可以增强责任感和乐趣，从而提高参与度。

这不仅可以让整个过程变得更令人愉快、更吸引人（因素二），也可以让目标本身变得更恰当、更健康、更有价值（因素一）。因为现在我可以赢得一个假想的头衔，可以在我最好的朋友面前炫耀几个月。

要想长期保持自律，你必须尽一切所能去限制妨碍你追求目标的心理障碍和物质障碍，这就是自制力公式里的第三个因素发挥作用的地方。

任何让人感觉不那么享受的事情，比如让整个过程看起来太复杂、太困难、充满太多负面反馈、太不公平、太耗费时间、太浪费财力、太容易引起恐惧、太剥夺人的自主权、太容易孤立人或太难看到进展，都会增加追求目标的感知成本，并因此降低你保持自律的可能性。

当我开始学习 DJ 时，我就意识到，如果练习的障碍和成本尽可能地低，我练习的自律性就会大大提高。因此，加上法则 8 中强调暗示力量的习惯模式，我选择将我的 DJ 设备都放在厨房的桌子上，这样我在一整年里都能对它们一览无余，而且我只要按下一个按钮就能打开整个系统开始练习。

如果要把设备收起来，那么我需要花 20 分钟时间才能把它安装好，甚至如果将它放在不能让我经常看到的备用房间里，我绝对相信我的自律会被彻底破坏。这些过程中的阻碍就是你实现目标的负担。你必须努力消除任何有可能增加心理成本的因素或让你脱离这一过程的因素。

记住：自制力 = 目标的价值 + 追求目标的回报 – 追求目标的代价。

我们不一定要比其他人更聪明，但我们一定要比其他人更自律。

——沃伦·巴菲特

☆法则：自制力公式：死亡、时间与自制力

成功并不是一件复杂的事情，它不需要魔法，也不神秘。运气、机遇和财富可能会给你带来有利的顺风，但接下来的就是你选择如何利用时间的副产品了。这在很大程度上取决于我们能否找到让自己每天坚持不懈的事情，以及可以让我们产生足够深刻共鸣的目标，从而让我们坚定不移地去追求它。成功是自律的表现，尽管实现它可能并不简单，但它的核心原则十分简单。

有选择地安排自己的时间，并认真选择与谁共度这段时间，是尊重自己的最大标志。

THE DIARY OF A
CEO

第 四 部 分

团 队

法则 28
人比方法更重要

这条法则告诉你创建了不起的公司、项目或组织的简单方法，不需要你掌握更多东西，也不需要你做更多。

坐在桌子对面的是理查德·布兰森（Richard Branson）。布兰森是世界上最知名的企业家、冒险家、太空旅行家之一，也是维珍集团（Virgin Group）的创始人。我在曼哈顿中心参加了一场全新的生活故事纪录片的放映仪式。第二天，我请他给我两个小时的时间接受《CEO 日记》的采访。他解释说：

> 我小时候有阅读障碍，在学校很没出息。我以为我一定是有点愚笨的。我只能做加法和减法，如果题目再复杂一点儿，我就做不了。
>
> 我在 50 岁的时候参加了一次董事会，我对董事说：

"今天要说的是好事还是坏事？"其中一名董事对我说：
"到外面来，理查德。"我走到外面，他说："你不知道净
利润和毛利润的区别吧？"

我回答说："不知道。"

他说："我也觉得你不知道。"然后，他拿出一张纸和
一些彩色笔，把纸涂成蓝色，接着在上面画了一面渔网，
又在渔网里画了一条小鱼。他接着说："现在鱼在渔网里，
这就是你年末的利润，海洋里剩下的就是你的总营业额。"

我回答说："我明白了。"

这真的没什么大不了。对一个经营公司的人来说，重
要的事情在于，你能否创建你所在领域最好的公司。有些
人可以把数字加起来。虽然这有助于做加法和减法，但如
果你做不到这些事情，也没有大碍。你可以请其他会做的
人来做。

我只是善于与他人相处。我可以信任他人，我的身边
都是真正优秀的人才。而阅读障碍就是这样的，我别无选
择，只能委派其他人去做。

我坐在那里，在震撼中陷入了沉默。当听到一位集团旗下
有 400 家公司、雇员数高达 7.1 万人、每年销售额达 200 亿美
元、摇滚明星般的企业家，告诉你他的阅读和数学不好，而且
"真的没关系"时，你会感到一种不可思议的解脱、激励和充

满能量。

这种坦诚让我如沐春风，不仅因为这符合人性，而且因为这让我感到自己没那么像骗子了！在我 22 岁生日时，我创建的公司已经创造了数亿美元的销售额，我们在全球雇用了数百名员工，我的大部分时间在欧洲国家、英国和美国的办公室之间飞来飞去。但在内心深处某个角落，我一直有些难以摆脱的感觉。我认为我不是一名真正的 CEO，因为我不擅长数学、拼写或大多数运营工作。在过去十年里，我一直专注于打造最好的产品，我把自己不喜欢做也做不了的事（通常是同一件事）交给能力更强、经验更丰富和更有自信的人去做。

这个方法对我一直很有效，我早就放弃了在我不擅长和不喜欢的事情上成为专家的念想，但这种看法与我在商学院、创业图书和成功学博客中看到的建议并不一致，它们通常认为要想取得成功，你必须擅长各种事情。

我在伦敦的家中采访了脱口秀喜剧演员吉米·卡尔（Jimmy Carr），他充满智慧和幽默的回答印证了我的观点：

> 我认为学校教给我们的可能是错误的。学校给我们上的都是如何变得全能而平庸的课。但是，我们生活的世界并不会奖励全能者。谁在乎全才？如果你的物理得了 D，而英语得了 A，你就去好好上英语课吧……"我们会让你的物理成绩达到 C"……告诉你这个世界不需要什么样的

人——当然是物理一塌糊涂的人！所以，找到你的天赋所在，找到你最擅长的事情，然后精益求精！

吉米的这段话似乎完美地概括了我在过去十年里遵循的策略。事实是，从我上学时仅有 30% 的出勤率和最后被开除的经历来看，我真的不擅长做我不喜欢的事情。但这也被证明是一种超能力，它可以让我加倍努力地去做我擅长且喜欢的事情。

在商业领域，特别是如果你梦想创建一家真正的大公司时，重要的不是如何做某些事，而是知道谁可以为你做这些事。生意就是人的事情。对每一家公司来说，无论是否意识到这一点，它们都是招聘公司。评价每一位 CEO 和创始人的原则有两条：一是雇用最优秀的人才；二是用一种可以让他们发挥最大潜能的文化来约束他们。在这种文化中，个体合力要大于他们能力的总和，即"1+1=3"。如果我在理查德·布兰森 16 岁时雇用了他，并且创造了一种可以让他发挥最大潜能的公司文化，那么现在我的手中可能就是一家市值 200 亿美元的公司了。

创始人，尤其是缺乏经验的创始人，往往倾向于过分夸大他们的重要性。他们落入了一个陷阱，认为他们的成果是由自己的聪明才智、想法和才能决定的。

实际上，你最终的成果是由你所召集的团队成员的<u>智慧、想法和执行力的总和</u>决定的。每一个伟大的想法、你所创造的每个事物、你的营销活动、你的产品和你的战略，都来自<u>你雇用的某个人的头脑</u>。

你就是一家招聘公司，这是你的首要工作。意识到这一点的创始人都会建立改变世界的公司。

我认为，对我这样的人来说，最重要的工作就是招聘人才。我们为用人而苦恼。我的成功离不开寻找这些真正有才能的人，我不满足于 B 级或 C 级员工，我要的是真正优秀的 A 级员工。雇用聪明人并告诉他们做什么，这是没有意义的，我们要做的是雇用聪明人，然后让他们告诉我们该怎么做。

——史蒂夫·乔布斯

☆法则：人比方法更重要

当要完成某件事时，我们总是被要求问自己："我可以怎么做？"但其实，我们可以问自己一个更好的问题，而且世界上伟大的创始人都会这么问，那就是："谁是可以为我做这件事的最佳人选？"

你的自尊心会坚持让你去做。

你的潜力反而会坚持让你放弃。

法则 29
营造崇拜心态

这条法则阐述了在任何团队、公司或组织内部创造真正伟大的文化的秘诀。

在瞬息万变、不可预测、动荡不安的世界里运营的现代公司，需要各级员工都具备独立思考的能力。作为当今的领导者，你最不希望看到的就是无法独立思考的员工。

就像吉姆·柯林斯（Jim Collins）在其里程碑式的著作《基业长青》（*Build to Last*）一书中所说的那样，员工对特定价值观的崇拜式承诺并没有错。柯林斯发现，有远见的公司"建筑师"会刻意鼓励这种做法，而不是纯粹依赖员工的职业道德、理想或执行任务的能力。

我绝不是鼓励你采用不道德、邪恶的做法。相反，我为一群人能够对一件事情、一个品牌或一个使命如此执着、投入和甘于奉献，感到非常好奇和困惑。

我曾经与全球最受欢迎的品牌的一位又一位 CEO 共聚一堂，其中一些品牌——用它们自己的话说——拥有"信众"。一些公司在创立之初就已经有了"追随心理"。

彼得·蒂尔曾这样说：

> 每一种公司文化都可以用线性光谱来表示。在一家成功的初创公司里，人们会狂热地认为那些被外界忽略的东西是正确的。

> 为什么要和一群不喜欢彼此的人一起工作？仅以专业角度来看待职场，让自由职业者以交易为由进出，不仅冷酷无情，而且毫无理性可言。既然时间是你最宝贵的资产，那么把时间用在那些你不打算长期与之共事的人身上就太不合理。

> 如果你认真观察旧金山人上班时穿的 T 恤衫，你就会发现上面印着他们公司的标志，而且科技工作者都非常在意这些标志。初创公司的工服概括了一个简单而重要的原则：公司里的每个人都应该以同样的方式表现得与众不同，也就是说，你的公司应该是一个由志同道合者组成的部落，他们都对公司的使命充满热情。

> 重要的是，不要打福利战。任何会被免费洗衣服务或宠物日托服务吸引的人都不适合加入你的团队。你只要介

绍公司的基本情况，并承诺别人做不到的事情：有机会与优秀的人一同完成不可替代的工作，解决独特的问题。

我们都见过这样的场景：一小群人挤在工棚、地下室或公寓里的电脑前，打造着下一个价值数十亿美元的大公司。他们总是看起来非常疲惫，而且有点营养不良，但他们都相当专注。脸书、亚马逊、微软、谷歌、苹果等公司都是这样起家的。这些公司在成立早期都具有这种特质，公司创始人通常会将他们的成功归功于这种执着、信念和痴迷劲儿。

初创公司的活力好比参与社会运动的劲头。

——凯文·斯特罗姆（Kevin Systrom），照片墙（Instagram）

联合创始人

当你的公司是一家初创公司时，你会发现这种"迷信"就是你想要的。你希望创办一家人们对此真正充满激情的公司。

——谢家华（Tony Hsieh），美捷步（Zappos）CEO

☆ 创建一家公司的四个阶段

根据我创办了十多家成功初创公司的经验，以及与数百名成功创始人的对话，我认为最好的公司都经历了一个进化的过程，这个过程始于崇拜的心态。

公司生命周期的四个阶段分别是："迷信"期、成长期、创业期和衰退期。在"迷信"期或"从无到有"的阶段，创始人团队通常会被自己的妄想、热情和紧迫感迷惑，他们会全情投入，牺牲自己的社交生活或恋爱关系。甚至不幸的是，有的人会牺牲自己的健康，只为让自己心爱的公司运转起来。

在成长期，公司的幕后常常乱成一团。员工工作过劳，资源不足，而且常常缺乏经验。他们没有增长所需的系统、流程或人员，但他们又觉得自己正坐在一艘飞往伟大之处的飞船上，因此他们兴奋异常，不顾一切，满怀恐惧和希望地紧紧抱住了这艘飞船。

在创业期，人们的状态相对稳定。人们的生活变得更加平衡，员工留存率提高，公司的期望、流程和系统都已确定下来。

最后一个阶段是衰退期，所有公司都会经历这个阶段，这通常是我在法则 23 和 25 中描述的风险规避、自满情绪和鸵鸟效应造成的。

☆ ☆ ☆

当你创办一家公司时，你要做的最重要的决定就是挑选前十名员工。他们每个人都代表着公司文化、价值观和理念的

10%，因此找对这十个人，并让他们在正确的文化下结合在一起，将会给你的公司带来不可逆转的影响。当公司文化十分强大时，新人就会向这种文化靠拢。但当这种文化非常薄弱时，文化就会向新人靠拢。你的第 11 名员工将会在公司价值观和理念上与其他十个人保持着惊人的相似。

我发现，当你将足够多的 A 级员工聚集在一起，并通过令人难以置信的努力找到其中五名 A 级员工时，他们会真正喜欢相互合作，因为他们此前从未有过这样的机会，而他们并不愿意与 B 级或 C 级员工一起工作。这就形成了一种自我监管的局面，他们只想雇用更多的 A 级员工。这样你就组建了一个 A 级员工的小圈子并将其扩散开来。苹果的 Mac 团队正是如此，团队成员都是 A 级员工。

——史蒂夫·乔布斯

当公司有了 100 个人时，这最初的十人团队就成了探寻公司文化的窗口。这些公司十分明确自己的价值观，致力于事业，而且沉迷于解决各种问题。

尽管这种不可持续的形态会随着其注定的生命周期而淡化，但其本质仍然是一套明确的价值观，它会继续渗透到公司的各种工作中去。

那么，这里的问题是：构成这种崇拜心态的要素是什么？

群体感和归属感

联合学院心理学教授乔西·哈特（Josh Hart）说："迷信团体提供了意义、目的和归属感，提供了清晰、自信的愿景，而且坚持宣称自己的团体具有优越性。而那些渴望安宁、归属感和安全感的信众，可能会通过参加该团体的活动获得这种感觉和自信。"

共同使命

"迷信团体是一个共同致力于某种意识形态的团体或运动，而这种意识形态通常是极端的。"杨佳·拉里奇（Janja Lalich）如是说。他们也有明确的统一标志，有时通过制服体现出来，而在商业领域，这就是商业标志。

鼓舞人心的领袖

"至于领袖本身，他们通常会表现出自己无懈可击、自信满满和冠冕堂皇的样子。他们的领袖气质吸引着人们。"乔西·哈特说。

"我们与他们"的心态

在公司中，敌人就是现有的行业竞争者，即肩负竞争使命的其他团队。

当你身在一家初创公司时，你必须相信的第一件事就是你们将会改变这个世界。

——马克·安德森（Marc Andreessen），网景（Netscape）和
安德森－霍罗威茨（Andreessen Horowitz）联合创始人

☆建设公司文化的十个步骤

①定义公司的核心价值观，并使其与公司的使命、愿景、原则或宗旨等方面相一致，为组织奠定坚实的基础。

②将你所期望的文化融入公司的方方面面，包括用人政策，以及公司所有部门和职能的流程和程序。

③商定所有团队成员都必须遵守的预期行为和标准，推动创建积极的工作环境。

④确定超越公司商业目标的宗旨，培养员工之间更深厚的联系。

⑤通过神话、故事、公司特有的语言、符号和习惯来强化公司文化，并将其融入集体意识。

⑥发展团队独特的身份，培养团队内部的排他性和自豪感。

⑦创造赞美成就和践行公司文化的氛围，提高员工的积极性和自豪感。

⑧鼓励团队成员间的友爱和归属感，鼓励大家相互依赖，

从而形成集体责任感，加强团队的相互关联。

⑨消除障碍，让员工能够真实地表达自己，并在组织内彰显自己的个性。

⑩强调员工和集体的独特品质和贡献，将他们定位为独特而优秀的人才。

☆ 为什么你不应该打造"迷信"文化

从根本上看，"迷信"在任何情况下，特别是在公司中，都是不可持续的。它会给人带来情绪上的折磨，因此无法有效实现商业和人生的长期目标。对任何希望实现长远商业目标的人来说，最重要的总体原则是创造一种可持续的文化。在这种文化中，人们可以真正投身他们关心的使命，被赋予高度自治的主权。他们可以在工作中充分挑战自己，体会到向前发展和进步的感觉。他们身边有一群关心自己、支持自己的人，他们喜欢与这些人一同工作，这些人会给他们带来"心理上的安全感"。

如果你能做到这些，你就做好了实现长期成功的准备。

☆法则：营造崇拜心态

员工崇拜的心理或投入感在初创公司的起步阶段可能非常有用，能够决定公司文化，能够激发启动新事业所需的激情。但随着公司的发展，为了实现更长远的目标，这样的文化也需要随之发展，因为它是不可持续的。

如果文化强大，那么新人会变得像文化一样。

如果文化薄弱，那么文化会向新人靠拢。

法则 30
建设伟大团队的三道门槛

这条法则将告诉你世界上最伟大的领导人如何做出聘用、解雇和提拔的决策，以及为什么在组建团队时要将文化放在首位。

亚历克斯·弗格森爵士（Sir Alex Ferguson）被公认为世界上最伟大的足球主教练。在执教曼联的 26 年生涯中，他赢得了 38 座奖杯。2013 年夏天，在最后一次赢得英超联赛冠军后，时年 71 岁的他宣布退休。

1986 年，在刚刚加入这支困难重重的球队时，他曾说："曼联最重要的文化是俱乐部的文化，而这种俱乐部文化来自他们的主教练。"他强调，文化和价值观，而非球员和战术，决定了一支球队的成功。他表示，这些价值观必须从球员加入球队的那一刻起就灌输给他们，而且俱乐部中的每一个人，包括球员、教练和工作人员，都必须坚守这些价值观。

几年前，2006年加入弗格森执教的曼联的帕特里斯·埃弗拉（Patrice Evra）告诉我，为了让他加盟曼联队，弗格森曾与他在法国一座机场会面。

埃弗拉说："亚历克斯爵士想要看着我的眼睛问我一个问题。他用坚定的眼神看着我，问'你愿意为这家俱乐部献身吗'，我回答'愿意'。他立刻走到桌子对面说，'欢迎加入曼联，孩子'。"

弗格森相信，在俱乐部创造一种强大、团结的文化能让球队在球场上取得胜利，并保持长期成功。他是对的。在弗格森之前，没有一位足球主教练能像他一样以如此稳定、一贯和成功而称霸足坛。

弗格森的理念有一个特点，就是不让任何一名球员妨碍他的团队精神、文化或价值观。他因为在新闻发布会上说过"没人比俱乐部更重要"而闻名于世，他曾出人意料地让那些不再体现"曼联精神"的球员转会，无论这些球员踢得有多好，名气有多大，或者球队有多么需要他们。

在过去几年里，我采访过五位前曼联球员。所有人都表示，弗格森最大的优势之一，在于他有能力让明星球员转会，哪怕他们正处于巅峰状态。

里奥·费迪南德（Rio Ferdinand）告诉我：

雅普·斯塔姆（Jaap Stam）是当时世界上最棒的后

卫，但亚历克斯爵士对他说了"再见"。大卫·贝克汉姆（David Beckham）当时也处于职业生涯的巅峰，亚历克斯爵士也让他离开了！鲁德·范尼斯特鲁伊（Ruud van Nistelrooy）是曼联的最佳射手，亚历克斯爵士也将他送出了球队！因为他提前预见了什么。

在弗格森的领导下，贝克汉姆成了公认的欧洲最佳右前卫。但在贝克汉姆与流行歌手维多利亚结婚后，弗格森厌倦了狗仔队对贝克汉姆持续不断的围追堵截。当贝克汉姆在曼联的知名度急剧上升时，他也越来越让人分心，而这违背了亚历克斯爵士为团队设定的文化。第二年夏天，贝克汉姆被转会到了皇家马德里。

另一个例子是基恩（Keane），他曾在曼联的黄金时代担任队长，与俱乐部一起赢得了七次冠军，并在 1999 年带领曼联夺得"三冠王"。但他在球场上与人发生争执，并在访谈中批评自家队友，这位直言不讳的中场球员最终与弗格森闹翻，并在 2005 年转会到了凯尔特人队。

鲁德·范尼斯特鲁伊曾是曼联历史上进球最多的球员之一。但当他在赛季最后一场比赛中被罚下场而冲出球场之后，曼联队里再也没有出现过他的身影。

无论在体育界还是商界，普通的管理者通常不会有胆量、远见和信念做出如此大胆的重要决定，因为最有价值的员工挑战了团队的文化而将其解雇，这是一件非常棘手的事情。但我采访过的每一位真正伟大的体育或商界管理者都出于本能地明白，更麻烦的事情是让这些"老鼠屎"坏了一锅粥，无论他们多么有才。

> 我必须学会的最艰难的事情就是解雇员工。为了维护公司的诚信和团队文化，你必须这么做。
>
> ——理查德·布兰森

芭芭拉·科科伦（Barbara Corcoran）是一位 73 岁的美国女商人，她是"鲨鱼池"（Shark Tank）的投资人，也是价值十亿美元的纽约房地产帝国的创始人。在我对她的访谈中，她强调了在"有害影响"传播到其他"孩子"（员工）之前，将他们清除出团队的重要性。

> 我会立即解雇那些消极的、不合群的人，因为他们会毁了我的好孩子们。消极的人总是需要别人和他们一起消极。你必须摆脱这些人。我从来没有让不适合公司文化的消极员工在公司待上几个月的时间。这些人就是黑夜中的盗贼，他们会偷走你的能量，而你最宝贵的资产正是你的能量。

明知有人会对公司文化造成消极影响却迟迟不解雇此人，是我在公司经营中最大的遗憾。就像科科伦所强调的那样，这些人具有传染性，他们会将年轻的、潜力十足的优秀团队成员变成消极的、平庸的忧虑者。

一个坏苹果的代价可能是损失许多好苹果。

——通用电气（General Electric）CEO

《哈佛商业评论》对不良员工对公司的影响进行了一项研究。这项研究旨在了解新观点和行为如何在同事之间传播。研究人员在监管文件和员工投诉中发现，当员工遭遇有不当行为前科的同事时，他们在工作中实施不当行为的可能性要高出37%。令人惊讶的是，这项研究表明，"有害员工"真的具有"传染性"。研究结果显示，工作场所的不当行为的社会乘数为1.59。这意味着，每当公司中发生一起不当行为时，这种行为就会像病毒一样传播开来。如果继续让一名行为不端的员工留任，公司就会发生另外 0.59 起不当行为。

华盛顿大学商学院研究员威尔·菲尔普斯（Will Felps）曾经询问妻子，工作上的事情是否还在困扰着她。"这周，他不在办公室，气氛好多了。"她回答说。

菲尔普斯的妻子指的是一位非常"有毒"的同事，他经常挑剔和羞辱团队里的人，让原本就充满敌意的工作环境变得更糟糕。菲尔普斯回忆说，当这名员工请了几天假后，有趣的事情发生了。

> 人们开始互相帮助，用收音机播放古典音乐，下班后一同去喝酒。但当他回来工作后，一切又回到了不愉快的状态。在这名员工请假之前，人们并没有意识到他是办公室里的一个重要角色；当看到他不在办公室的社交气氛时，人们开始相信他带来了深远的负面影响。他确实就是那颗破坏整个公司气氛的"老鼠屎"。

菲尔普斯和他的同事特伦斯·米切尔（Terence Mitchell）对个体影响整个团队的问题非常感兴趣，他们梳理了 24 项已经发表的有关团队和员工如何互动的研究，并结合自己的研究，表明一个消极的团队成员，也就是不承担应有工作的人、霸凌队友的人或情绪不稳定的人，会在多大程度上破坏一个运行良好的团队。而且，这样的人比你想象的更常见：事实证明，大多数人能在他们的职业经历中想到至少一颗这样的"老鼠屎"。

他们的研究还表明，大多数组织没有处理消极员工的有效方法，特别是在这样的员工是资历深厚的老员工或者在公司中掌握一定权力的情况下。

他们发现，<u>消极行为会彻底压制积极行为</u>，这意味着一颗"老鼠屎"就可以<u>破坏团队文化</u>，但一名、两名或三名优秀员工<u>无法消除这种破坏行为</u>。

他们得出的结论是，一颗"老鼠屎"如果没被剔除，就会导致员工不够投入，也会导致其他员工效仿这种行为，从而出现社交退缩、焦虑和恐惧的情况，最终导致团队内部信任度下降以及团队成员进一步脱离团队。

研究人员发现的是我在商业生涯中一次又一次学到的教训：开除任何一个人都不会让一家好公司垮台，但有时留下一个人不走反而会让一家好公司垮台。

一个坏苹果会毁了一个木桶，但重要的是，要记住，木桶还是可以清洗干净的。更重要的是，采取行动，清除有害的人，维持积极的公司文化。

——奥普拉·温佛瑞（Oprah Winfrey）

☆三道门槛：解雇、聘用、培训

解雇一个人并非易事。前文所述的所有伟大的领导者都深谙不惜一切代价保护公司文化的重要性，他们也提及了不得不解雇员工时所经历的困难、痛苦和情绪波动。正是这种心理摩擦及其带来的鸵鸟效应（见法则 23），导致我们拖延、猜疑并避免去做我们知道自己本该做的事。

了解了这些之后，我制定了一个简单的框架。在过去十年里，我一直在我的管理团队中成功应用这一框架。这个框架帮助我们看清这种摩擦，也帮助我们明确应该聘用、提拔或解雇哪些团队成员。我称之为我的"三道门槛"框架。

首先，针对特定团队成员，你可以问自己（或你的管理团队）一个简单的问题："如果组织中的每个人都持有和这名员工同样的文化价值观、态度和才能，那么这道门槛（平均值）是得到了提升、维持不变还是降低了？"

这个问题寻求的并非观点、经历或兴趣上的相似性，也并非思想、生活经验或世界观的多样性，而是员工在公司文化价值观、标准和态度上的一致性。

试想一下你待过的所有团队，比如运动队、创意团队或工作团队，对于其中一个人，你问问自己："如果团队中的每个人都体现了这个人的文化价值观，那么这道门槛是提升了、维持不变还是降低了？"

在这幅图上，我用这个问题描述了四个假设的人物。很显然，迈克尔（降低门槛者）需要被解雇，奥利弗（提升门槛者）需要提拔到管理职位上。因为研究表明，迈克尔会对团队文化产生极大的有害影响。而如果提升奥利弗在组织中的职位，那么他会给团队文化带来相当大的正面影响。

奥利弗

提升门槛者

罗根

维持门槛不变者

多米尼克

降低门槛者

迈克尔

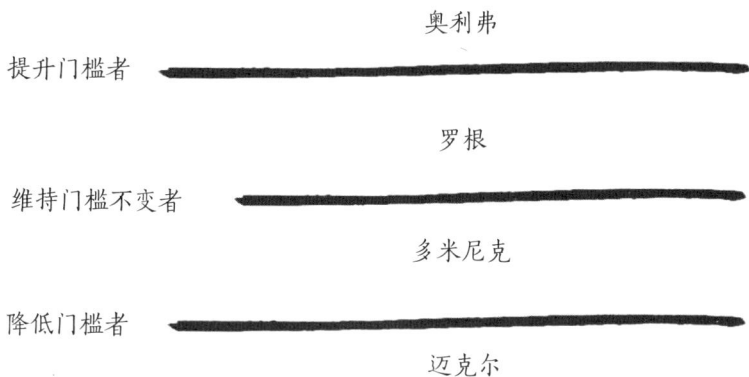

在根据现有团队标准评估新聘人员时，这个框架也十分有用。

☆法则：建设伟大团队的三道门槛

每一次招聘，你都应该提高标准，就像弗格森爵士所做的那样。如果当前的任何雇员——无论过去他们为你赢得过多少奖杯——成了降低门槛者，那么你必须快速而果断地行动，阻止他们的影响破坏神圣的集体文化。

"公司"的定义其实是"一群人"。

法则 31

调动进步的力量

这条法则表明，在任何组织中，团队参与、积极性和成就感都是重要的力量。如果你可以让人们感受到这些力量，人们就会乐意加入你的团队。

赢得奖牌似乎遥不可及，它仿佛一座高山，距离遥远，无法触及。人们在想：我们到底怎样才能从现在的位置到达那里呢？我们能相信什么？我们应该如何获得动力？我们如何才能获得具有感染力的热情？

——戴维·布雷斯福德爵士（Sir David Brailsford），英国自行车队前绩效总监

若干年前，我采访过戴维·布雷斯福德爵士，他被誉为"边际收益"（marginal gains）理论的主导者。他的这一理论因

为 2008 年英国自行车队的事迹以及该车队在多届奥运会上不断成功的故事而广为流传。

2008 年之前，英国自行车队一度被大家视为体育界的笑柄。为了扭转局面，管理机构聘请绩效总监戴维·布雷斯福德来改革车队的理念、战略和文化。

布雷斯福德相信，自行车运动各个方面的改进（哪怕是 1% 的改进）都会带来显著的成绩提升。在他的指导下，英国自行车队不再考虑向前发展的重大进程，开始着眼于最小、最简单的细节：使用抗菌洗手啫喱以减少感染，在自行车轮胎上涂抹酒精以提高抓地力，重新设计自行车座椅以提高舒适度，更换自行车运动员卧室里的枕头以改善运动员的睡眠质量，对自行车和比赛服进行大量风洞测试，等等。

在布雷斯福德接手五年后，英国自行车队在 2008 年北京奥运会上赢得了公路和场地自行车比赛中 57% 的金牌，并在 2012 年伦敦奥运会上创造了七项世界纪录和九项奥运会纪录。从 2007 年至 2017 年，英国自行车运动员赢得了 178 个世界冠军、66 枚奥运会或残奥会金牌，五次夺得环法自行车赛冠军。这十年成为英国自行车队历史上最成功的时代！

在我与布雷斯福德的访谈中，我问他，着眼于微小的进步是怎样带来如此巨大的积极性、成功和一致性的，他告诉我：

人们希望有进步的感觉。如果我们以完美为目标，我们就会失败，因为完美实在遥不可及。

因此，与其追求完美，不如让我们有一点儿进步，哪怕一点点，我们也会感觉良好。所以，我们先确定基本目标，把这些事做好，然后下周再问问自己还可以做哪些小事。

影响自行车运动成绩的因素有很多。我们能不能——我不知道——改变我们的饮食，使其比本周更理想一些，并在下周之前做到？每个人都会说，可以，我们能做到！好的，那么我们还可以做什么？本周我们是否可以在健身房里多练习一些？我们是否可以稍稍改变自己的态度？可以做到吗？是的，我们可以。好的，那就去做吧。然后，到了下周，所有这些事都做到了吗？是的，我们做到了。我们进步得并不算多，但我告诉你，这种感觉很好。

突然，你会产生一种"你在前进"的想法。当你感觉自己正在前进时，你会自我感觉良好。微小的进步对人们来说意义重大。当人们感受到这一点的时候，他们就会意识到自己第二天还可以做到这件事。

而当你打算做件大事时，事情就不太可持续了。一月，我们都在健身房里鼓足了劲儿锻炼；然后到了二月，一切又都停滞下来。为什么会这样呢？做出重大改变并持之以恒的情况实际上非常少见，但做出微小的渐进式改变并坚持下去比较容易。在我看来，这种持久性会随着时间的推移带来巨大的改变。我们从来不去想登上领奖台、越过终点线或领取奖杯的事情，我们从不讨论这些事，我们只考虑可以让我们今天取得进步的最微小的事情。

当你创造了这样的文化，人们便会感受到进步，人们会充满活力，甚至更多的想法会从团队中涌现并得到采纳。团队中也会出现这样一种说法：我们在前进，我们在改变，我们在做所有的小事，因为我们有能力去做那些别人做不到的小事。这就是我们与众不同的地方。

而我也经常在我们的团队里说这样的话，如果我们要加班，我会说，好吧，伙计们，让我们一起待一小会儿吧。我们之所以做得那么好，是因为我们有精力去做这些小事。而其他团队懒得做这些事，他们都已经下班回家睡觉了。但这么做是有用的，你们知道，这是百分之百有效的，过去 20 年来一直如此。这与我们的热情和积极态度密不可分。我们拥抱变化，我们不会把微小的改变当作一件苦差事。进步是一种强大的力量。

☆ 小成就，大能量

进步的概念常被视为一种有形的产出，但研究表明，进步的真正动力更多的是感觉和情绪，而不是事实与统计数据。

正如研究员特蕾莎·阿马比尔（Teresa Amabile）在《哈

佛商业评论》中所指出的那样："当员工感到他们在工作中有所进步时，或者当员工得到克服障碍的帮助时，他们的情绪最为积极，成功的动力也就达到了顶峰。"

在这里，最关键的就是，"员工感到他们在工作中有所进步"。

你实际取得的成就多寡与你的动力毫无关系：但如果你觉得自己正向着某处前进，你就有动力继续下去。

在加入一个动力不足、苦苦挣扎的团队时，团队的集体心理仿佛一辆在路边抛锚的双层巴士，四个轮胎都瘪了下去。激励和集体信念是所有团队赖以维系的力量，是团队动力的源泉，是轮胎里的气体，是引擎的燃料。

在加入失败的英国自行车队时，戴维·布雷斯福德爵士就已深谙这一点。他知道，在那个时候，有形的巨大成就并不重要，不如让团队成员感到自己正在取得一些成就，而这就是他首先聚焦微小成就的原因。因为这是释放进步动力的最简单的方法，就好像跳上巴士，给引擎加油，然后让车轮动起来。

与世界上种种伟大的突破相比，这些微小的胜利更加重要，因为它们更有可能发生。如果我们只是等待巨大的成就，那么我们可能会等上很长一段时间。而且，在看到任何实质性结果之前，我们可能早就放弃了。相反，你需要的不是伟大的胜利，而是小成就带来的前进动力。

——特蕾莎·阿马比尔

在阿马比尔了不起的研究中，她分析了近 12000 篇日记以及人们每日的情绪与动机排名。她发现："在工作中取得进展，哪怕是渐进式的进展，都会比其他任何工作日实践更能让人产生积极的情绪和强烈的动机。"

当我采访揭示了人类拖延原因的里程碑式著作《不可打扰》（*Indistractable*）的作者尼尔·埃亚尔时，他断言，人们拖延的唯一原因，就是他们试图避免生活中某种形式的"心理不适"。任务越艰巨，我们觉得自己能完成任务的能力就越弱，拖延的程度就越严重。比如，就一个不完全了解的主题撰写论文，在人际关系中必须面对可能导致重大争执的敏感问题，想要启动生意却又不知从何开始，这些挑战好似需要翻越的高山，它们给我们带来了心理上的极度不适，因而引发了严重的拖延问题。

克服那种不适感和防止拖延的关键在于，将任务分解为简单、容易实现的微目标。

伟大的组织理论学家卡尔·E. 维克（Karl E. Weick）在他

几十年的组织生活研究中，对如何让目标看起来可以实现进行了深入探讨。

1984 年，维克发表了一篇具有开创性意义的论文，将社会未能解决重大问题的原因归咎于我们向世界呈现这些挑战的方式。"对社会问题规模宏大的设想往往会阻碍创新和行动，"他哀叹道，"人们对社会问题的定义常常令他们束手无策。"他甚至表示："除非人们觉得问题不是'问题'，否则他们就无法解决问题。"

> 当问题的规模扩大时，思想和行动的质量就会下降，因为挫折、亢奋和无助等心理活动会被激活。

因此，让人们行动起来且充满自信的关键在于**缩小挑战的规模**。

他承认，微小的成就"可能看起来无足轻重"。但"一连串的胜利"开始揭示出"一种模式"，"这种模式可以吸引盟友、震慑对手，同时降低后续提案带来的阻力"。微小的成就是紧凑的、有形的、积极向上的且无可辩驳的。

可惜的是，很少有领导者明白这一点。

1968 年，美国心理学家弗雷德里克·赫茨伯格（Frederick Herzberg）在《哈佛商业评论》上发表了一篇重要文章，提出了个人在工作中获得"成就机会"时积极性最高的理论。

然而，在调查了全球范围内不同公司和行业的近 700 名管理者后，《哈佛商业评论》发现，大多数管理者、领导和 CEO 根本不相信或不理解这一点。

当被要求对影响员工积极性和情绪的有效工具进行排序时，仅有 5% 的受访者将"在工作中取得进步"当作首要激励因素，而其他 95% 的受访者则将其放在了最后一位或第三位。

相反，大多数人认为"对出色工作的认可"才是激励员工和提高幸福感的最关键因素。尽管"认可"无疑会提高员工的内在工作感受，但它最终还是取决于成就。

作为领导者，了解进步的变革力量以及培养和促进进步的方式至关重要。这些知识可以给员工福祉、创新、积极性和创造性的产出带来重大影响。

☆ 如何在团队中创造进步的愿景

阿马比尔教授的五种方式可以帮助你推动团队进步，从而收获容易获得的成果。

创造意义

人类在内心深处都渴望从事有意义的工作。1983 年，乔布斯在试图说服约翰·斯卡利（John Sculley）放弃他在百事公司的工作加入苹果公司担任 CEO 时，就利用了这一点。乔布斯问斯卡利："你是想一辈子卖糖水，还是想要改变这个世界？"他的策略成功了，斯卡利不久后就加入了苹果公司，因为这个策略将重点放在了在苹果公司工作的意义上。取得进步会提高你的职业动力，但前提是这份工作对你很重要。

过去十年，在我的所有公司中，我们做过的最有价值的事情，就是建立一套系统，确保每个部门里的每一位团队成员都能感受到这份工作对世界产生的有意义的影响。在其中一家公司里，我们设置了一个名为"影响力"（Impact）的内部工作频道，专门分享有关每一位团队成员的努力如何影响世界各地真实人物的精彩故事、感言和反馈。

管理者不能坐视不管。在这样一个日益数字化的世界里，我们越来越多地与数字、统计数据和屏幕打交道，我们比以往任何时候都更容易忽视这些指标背后的意义。

当工作让人感觉没有意义时，积极性就会<u>消散</u>。

238 篇不同行业的工作人员日志显示，最快扼杀意义的因素是，领导团队否定员工的工作或想法，剥夺员工的主人翁意识和自主权，并要求员工把时间都用在还没完成就被取消、更改或无视的工作上。

设定清晰且可行的目标

领导者必须明确目标，因为这样团队成员才能确切地知道自己需要完成哪些工作。目标应该被细分为更小的、临时的里程碑，同时要着眼于前期的成就，从而形成发展的冲劲。进展情况应该被记录，以确保每一个微小的成就都不被忽视。

在我的公司里，为了确保做到这一点，我们在所有团队中都使用了 OKR（目标与关键结果）指标，这是一个定期的目标设定框架。

提供自主权

一旦明确了结果，领导者就应该给予团队成员自主负责的空间，鼓励他们利用自己的技能和专业知识来规划自己的路线。

给予人们失败和成功的空间，是我的所有团队中最重要的特点之一。作为 CEO，我的职责，就是扮演一个支持性的赋能者，而不是事无巨细的、挑剔的管理者。

消除摩擦

领导者应该积极、主动地消除任何阻碍团队实现日常进步的障碍，比如官僚作风和复杂的审批流程。做法包括明确并提供团队成员开展工作所需的资源。

正如法则 20 所提到的那样，经常与主管们进行核查，能够让我快速、果断地完成工作。团队成员一般都确切地知道妨碍他们的是什么，但领导者很少问他们。就算领导者问了，他们也很少会迅速解决问题。这会导致信赖度下降，团队成员会越来越不愿意谈论未来引起摩擦的问题。

传播进步

领导者需要尽其所能地高调、广泛且深入地指出、宣传和鼓励进步。认可进步不仅能够强化行为，还能向其他团队证明他们有可能取得进步。

在我运营的每家公司里，我都会要求团队负责人每周向全公司发布一次最新情况，详细说明其团队在那一周取得的所有进展。这种仪式营造的是一种戴维·布雷斯福德爵士所说的"我们要去往某处"的集体意识。当人们感到自己要去某处时，他们就会更有积极性，感到更加快乐，也更愿意参与领导工作。

☆法则：调动进步的力量

要想解决问题，我们就要鼓励和赞美微小的成就。这么做会带来持久的前进动力，可以创造团队正在向着更宏大的目标前进的成功气氛和积极感觉。当员工全身心投入自己的工作，并感到自己创造了正向改变时，他们会表现出最高的积极性。

世界上对职业发展最有益的感
觉就是进步的感觉。

法则 32

必须成为一名多变的领导者

这条法则将告诉你如何成为一名真正优秀的管理者和领导者，方法就是做到变化无常。

我与曼联传奇球员帕特里斯·埃弗拉坐在一起，他曾在弗格森爵士手下踢了近十年的左后卫。我们要讨论的内容是，用他自己的话来说，是什么让弗格森成为史上最伟大的足球主教练。帕特里斯立刻提到了 2007 年的一天，这一天完美地彰显了这位主教练的辉煌。

那是 2007 年 2 月 4 日下午，在伦敦的一个阴冷的星期天，天空乌云密布，下着蒙蒙细雨，曼联来到了托特纳姆热刺队的主场，即白鹿巷球场。

"红魔"曼联在当季开赛时表现神勇，以 3 分的优势位居联赛榜首。这一天，曼联面对的是一支状态正佳的主队，这支队伍已经下定决心要将联赛领头羊拉下马。

上半场比赛紧张激烈，双方都未能取得明显优势。两支队伍在控球上展开激烈竞争，中场飞靴和滑铲层出不穷。然而，曼联在上半场最后一分钟获得了一个偶然的点球，并以 1 比 0 的领先优势进入中场休息。

在球员们进入更衣室后，弗格森走了进来。他坐下，沉默了三分钟。球员们紧张地坐着，避免与沉默的主教练有目光接触。他们知道弗格森坐着一语不发可不是一个好兆头。

埃弗拉踢出了他自称的"一生中最精彩的一场比赛"。他一直是托特纳姆热刺队防守的眼中钉，他在左路狂奔，精准传中。

帕特里斯笑着喝水，接受队友们的祝贺，但他看到了弗格森的目光，对方正直勾勾地盯着他。他回忆道：

> 我正在踢人生中最精彩的一场比赛。我向你保证，我当时火力全开。回到更衣室的时候，我非常放松，很开心。我喝了一些水。我的队友正在祝贺我，他们说："哇，帕特里斯，你真是开挂了！"接着，弗格森走了进来，坐了三分钟，看着我。他问我："帕特里斯，你还好吗？"我说："是的，我很好，老板。"然后，他又问我："你累

了吗？"

　　说实在的，我当时环顾四周，觉得他的问题一定是一个玩笑。也许哪里藏着什么摄像头，而他其实在逗我玩儿。我身边的球员也是一脸困惑。

　　"不，我很好。"我回答道。

　　"那你为什么要把球传回给守门员？"他继续问道。

　　"因为我没有任何选择，那是我唯一的选择。"我解释说。

　　"如果你再这么做，那你就下来和我一起观看这场该死的比赛。这是你在曼联踢过的最烂的一场比赛。"他吼道，"如果你再把球传回去，我保证你再也不会为曼联效力了。"

　　我的双唇紧闭。我咬着自己的嘴唇。但我并不想当着我的队友回答他。大家都惊呆了。每个人都在想，这是怎么回事？

　　下半场开始，队员们走出更衣室，重新焕发活力。他们的胸中燃起熊熊烈火，注意力更加集中。他们主宰了下半场，又踢进了三个球，最后以 4 比 0 的比分大胜主队。这场可载入史册的比赛是曼联在客场取得的最伟大的胜利之一。《独立报》（Independent）称之为"一支处于巅峰状态的球队的神来之笔"。

但帕特里斯依然对弗格森在中场休息时的斥责困惑不解：

我冲了个澡，换上衣服，迫不及待地睡了一觉。我非常想在第二天回到训练场，和他说一说发生的一切。第二天，我敲了敲他办公室的门，他请我进去。

"哦，帕特里斯，我的孩子，你还好吗？！来来来，快坐下！"弗格森说道。

我回答说："老板，昨天到底是怎么回事？为什么你要对我说那些话？"

"帕特里斯，你是场上最出色的球员。但你知道吗？克里斯蒂亚诺·罗纳尔多最初用了太多的技巧，而你的一些队友浪费了自己的机会。当你为曼联效力时，你必须进球，然后进第二个球、第三个球。你不能只进一个球。你是最优秀的球员，我的孩子，现在滚出我的办公室！"

他吹起口哨，笑着唱起歌来。

他知道我会火力全开。他之所以对我大吼大叫，是因为他想向其他球员——例如克里斯蒂亚诺——传递信息，确保他们集中注意力并尊重对手。为此，他选中了场上最优秀的球员，一个他知道能够顶住压力的球员，这样我们队里的其他人就会想，如果连场上表现最好的球员都要受到他的批评，那么我最好表现得更卖力些。这就是我所说的管理，这就是弗吉（Fergie）[①]。

令我惊讶的是，我接触过和采访过的每一位曼联球员都表示弗格森爵士不在乎战术、战略和阵型。他主要关心的是让每个人都发挥最佳水平，以及球队文化和他们的态度。他并不希望他们变得自满。

在弗格森执导下的曼联度过了自己整个足球生涯的加里·内维尔（Gary Neville）告诉我：

> 他知道如何走进你的内心。无论你是谁，他都知道如何发掘你的潜力。当他想鼓励我时，他会和我谈论我的祖父母。我的祖父曾在战争中受伤，他的肩膀至今留有战争中的弹片。因此，亚历克斯爵士会说："那你的祖父母呢？他们是不是每天起床，打好领带，努力工作？"当亚历克斯爵士对我说了这番话，我就会继续努力。而在面对其他人时，他又会说一些完全不同的话。他会以不同方式挖掘每个人的潜力，确保他们永不服输。

在曼联担任过 12 年中后卫和队长的里奥·费迪南德（Rio Ferdinand）告诉我，弗格森最大的优点就是，他能够了解每个

[①]　弗格森的昵称。——译者注

人，然后用最适合他们的方式对待他们。

> 他了解每个人。他不会用同一种方式对待两位不同的球员。一刀切不是对待团队的最佳方式。每个人都与众不同，每个人接受建议的方式都不一样，每个人接受批评的方式也不一样。这就是领队或主教练需要了解每个人的原因。这也是弗格森爵士最伟大的特点之一。他对每个人都了如指掌。有一次，我的外祖父住院了，哪怕他只见过我外祖父两次，他都能记得我的外祖父喜欢喝什么，他还往我母亲家里送去了花。他知道这对我很重要。就是这些小事让我觉得自己应该更努力地为他奋斗。

下面是弗格森过去的其他球员的话，总结了他成为如此杰出的教练的原因。

> 他以不同的方式对待不同的球员。他知道如何让每个人做到最好。
>
> ——彼得·舒梅切尔（Peter Schmeichel）

> 他对我非常严厉，但他必须这么做。他在我身上看到了其他球员所不具备的东西，他推动我做到最好。
>
> ——大卫·贝克汉姆

他总是知道什么时候该从背后给我一脚，也知道什么时候该给我一个拥抱。他知道如何以不同的方式对待不同的球员。

——瑞恩·吉格斯（Ryan Giggs）

他对待我的方式和其他球员不同，但又是正面的。他督促我做到最好，我认为这就是我实现今日成就的原因。

——韦恩·鲁尼（Wayne Rooney）

他对待我的方式不同于其他人。他总是与我交谈，给我建议。他帮助我成为更好的球员。

——克里斯蒂亚诺·罗纳尔多

☆ 变化无常的领导之道

每一本有关领导力和管理的图书都推崇前后一致、可预测和公平公正的美德，并将其作为伟大领导者的标志。然而，我对真正卓越的管理者长达十年的研究表明，事实恰恰相反。我在四家公司领导 1000 多人的经验告诉我，我以不同方式应对每个人的能力，前后不一致的手段，以及像变色龙一样通过巧妙转换情绪来激发团队成员最佳状态的能力，都与我的激励能力呈正相关关系。

就像我们在本书前述的法则中所探讨的那样，人类并不是我们想象中的那种充满理性、逻辑严密且善于分析的生物。相反，我们情绪化，没有逻辑，受到大量情感冲动、恐惧、欲望、不安全感和童年经历的驱使。由此可见，要想调动任何群体的激情和动力，让他们行动起来，一刀切的、理性的、理智的和以事实为中心的领导方式是远远不够的。

作为领导者，我们要成为团队成员的互补拼图，必须像团队中的人一样变化多端、情绪多变、起伏不定。

里奥·费迪南德讲述了弗格森如何成为一名"演技高超的演员"，为了调动在他看来最有利于球队成功的情绪，他能够伪装从愤怒到欣喜的各种情感。

> 他深思熟虑。我们常在球员间谈起这一点。比如他说话的方式，他会在球队输球后上电视故意怒气冲冲地捶打裁判，从而转移人们对球员的关注。他这么做是为了让人们不再聚焦于球队，确保我们不会对自己感到失望，这样我们才有动力去踢下一场比赛。他想的实在太多了，他是最优秀的管理者。

☆法则：必须成为一名多变的领导者

要想像拼图一样无缝融入团队，除非你能够了解每一位团队成员的独特"形状"。弗格森爵士在这一方面的敏锐度堪称传奇，他的前球员和员工，甚至对手的主教练，都证明了这一点。他拥有百科全书式的信息，对球员妻子的爱好和球员宠物的名字都了如指掌，就像里奥·费迪南德所告诉我的那样，他甚至知道球员外祖父最爱的威士忌品牌。更重要的是，他了解球队每个成员的动力都不尽相同。一名球员可能会在弗格森臭名昭著的"吹风机"①待遇下茁壮发展，而另一位球员可能需要更具同情心的方式，其他人则可能需要不加干涉的方式。这就是弗格森不需要像其他人那样成为战术大师的原因，因为他是一位情感专家。当你在从事调动人们积极性的工作时，情感管理就是一切。

---

① 特指弗格森在更衣室里对着球员劈头盖脸的痛骂。——译者注

伟大的领导者是多变的、灵活的和充满波动的。

他们变化多端，为的就是激励员工。

法则 33
学无止境

感谢你，你已经读到了本书第 33 条法则，你做得很棒！

在法则 1 中，我向你讲述了知识的重要性；在法则 2 中，我谈到了学习的重要性；在法则 19 中，我强调的是持续改善的重要性。因此，在法则 33 中，我想把所有法则整合起来，从而确保知识是一种需要你不断去学习的东西，因为学无止境。那么，从现在开始直到永久，每个月我都会直接向你的邮箱发送一条全新的法则，我希望它们能像这本书一样，给你的生活带去价值。

非常感谢，感谢你选择这本书，也感谢你和我一同踏上这段旅程。我必须强调的是，现在我们才刚刚开始。

参考资料

成就伟大的四个支柱

支柱 1：自我

Covey, S. R. (2004). The 7 Habits of Highly Effective People: Powerful Lessons in Personal Change. Simon & Schuster.

Duckworth, A. (2016).‘Grit: The Power of Passion and Perseverance’.

Scribner. Langer, E. J. (1989). Mindfulness. Addison-Wesley.

支柱 2：故事

Brown, B. (2010).‘The Power of Vulnerability’[Video file]. TED Conferences. https://www.ted.com/talks/brene_brown_the_power_of_vulnerability

Godin, S. (2018). This is Marketing: You Can't Be Seen Until You Learn to See. Portfolio.

Pink, D. H. (2006). A Whole New Mind: Why Right-Brainers Will Rule the Future. Riverhead Books.

支柱 3：理念

Covey, S. R. (2004). The 7 Habits of Highly Effective People: Powerful Lessons in Personal Change. Simon & Schuster.

Haidt, J. (2006). The Happiness Hypothesis: Finding Modern Truth in Ancient Wisdom. Basic Books.

Keller, G. (2013). Every Good Endeavor: Connecting Your Work to God's Work. Penguin Group.

支柱 4：团队

Collins, J. (2001). Good to Great: Why Some Companies Make the Leap and Others Don't. HarperCollins.

Duhigg, C. (2016). Smarter Faster Better: The Secrets of Being Productive in Life and Business. Random House.

Lencioni, P. (2002). The Five Dysfunctions of a Team: A Leadership Fable. Jossey-Bass.

法则 1

Abbate, B. (2021, January 29). 'Why a Good Reputation is Important to Your Life and Career'. Medium. https://medium.com/illumination/why-a-good-reputation-important-to-your-life-and-career-80c1da06430e

Bolles, R. N. (2014, September 2). '4 Ways To Change Careers In Midlife'. Forbes. https://www.forbes.com/sites/nextavenue/2014/09/02/4-ways-to-change-careers-in-midlife/?sh=38da133419df

Forbes Coaches Council. (2017, October 10). '15 Simple Ways To Improve Your Reputation In The Workplace'. Forbes. https://www.forbes.com/sites/forbescoachescouncil/2017/10/10/15-simple-ways-to-improve-your-reputation-in-the-workplace/?sh=d88cf7f53607

Schoeller, M. (2022, November 15). 'Behind The Billions: Elon Musk'. Forbes. https://www.forbes.com/sites/forbeswealthteam/article/elon-musk/

SpaceX. (n.d.-b). SpaceX. https://www.spacex.com/mission/

Umoh, R. (2018, January 16). 'Billionaire Richard Branson reveals the simple trick he uses to live a positive life'. CNBC. https://www.cnbc.

com/2018/01/16/richard-branson-uses-this-simple-trick-to-live-apositive-life.html

WatchDoku – The documentary film channel. (2021, December 8). 'ELON MUSK: THE REAL LIFE IRON MAN' Full Exclusive Biography Documentary English HD 2021 [Video]. YouTube. https://www.youtube.com/watch?v=TUQgMs8Fkto

Western Governors University. (2020, July 30). 'The 5 P's of Career Management'. Western Governors University. https://www.wgu.edu/blog/career-services/5-p-career-management2007.html#close

Williams-Nickelson, C. 'Building a professional reputation'. (2003, March). gradPSYCH magazine. https://www.apa.org/gradpsych/2007/03/matters

法则 2

The Decision Lab. (n.d.). 'Why do we buy insurance?' The Decision Lab. https://thedecisionlab.com/biases/loss-aversion

Education Endowment Foundation. (2021, September). 'Mastery learning'. | Education Endowment Foundation. https://educationendowment foundation. org.uk/education-evidence/teaching-learning-toolkit/mastery-learning

Feynman, R. P. and Leighton, R. (1992). Surely You're joking, Mr Feynman!: Adventures of a Curious Character. Vintage.

Harari, Y. N. (2018). 21 lessons for the 21st century. Random House.

Hibbert, S. A. (2019). Skin in the game: How to create a learning curve that sticks.John Wiley & Sons.

Kahneman, D., & Tversky, A. (1979). 'Prospect theory: An analysis of decision under risk'. Econometrica, 47(2), 263-292. https://doi.org/10.2307/1914185

Manson, M. (2016). The subtle art of not giving a fuck: A counterintuitive approach to living a good life. Harper.

Sinek, S. (2009). Start with why: How great leaders inspire everyone to take action.Portfolio Penguim.

Taleb, N. N. (2018). Skin in the game: Hidden asymmetries in daily life. Allen Lane.

Thaler, R. H., & Sunstein, C. R. (2009). Nudge: Improving decisions about health, wealth, and happiness. Yale University Press.

Thompson, J. (2017). Smarter than you think: How technology is changing our minds for the better. William Collins.

法则 3

Bazerman, M. H. (2013). Judgment in managerial decision making (8th ed.). John Wiley & Sons.

Fisher, R., & Ury, W. (2011). Getting to yes: Negotiating agreement without giving in. Penguin Books.

Gladwell, M. (2000). The Tipping Point: How Little Things Can Make a Big Difference. Little, Brown and Company.

Heath, C., & Heath, D. (2007). Made to stick: Why some ideas survive and others die. Random House.

Sharot, T. (2017). The influential mind: What the brain reveals about our power to change others. Henry Holt and Company.

Sharot, T., Korn, C. W., & Dolan, R. J. (2011). 'How unrealistic optimism is maintained in the face of reality'. Nature Neuroscience, 14(11), 1475-1479. https://doi.org/10.1038/nn.2949

Thompson, L. (2014). The mind and heart of the negotiator (6th ed.). Pearson.

法则 4

Carter-Scott, C. (2006). If Life is a Game, These are the Rules. Broadway Books.

Cialdini, R. B. (2009). Influence: Science and practice. Pearson.

Dawkins, R. (2006). The God Delusion. Mariner Books.

Festinger, L. (1957). A Theory of Cognitive Dissonance. Stanford University

Press.

Gladwell, M. (2005). Blink: The Power of Thinking Without Thinking. Penguim.

Haidt, J. (2012). The Righteous Mind: Why Good People are Divided by Politics and Religion. Pengium.

Harris, S. (2010). The Moral Landscape: How Science Can Determine Human Values. Free Press.

Kahneman, D. (2011). Thinking, Fast and Slow. Farrar, Straus and Giroux.

Lipton, B. (2005). The Biology of Belief: Unleashing the Power of Consciousness, Matter and Miracles. Hay House.

McTaggart, L. (2007). The Intention Experiment: Using Your Thoughts to Change Your Life and the World. Harper Element.

Pinker, S. (2018). Enlightenment Now: The Case for Reason, Science, Humanism, and Progress. Viking.

Prochaska, J. O., Norcross, J. C., & DiClemente, C. C. (1994). Changing for Good: A Revolutionary Six-Stage Program for Overcoming Bad Habits and Moving Your Life Positively Forward. William Morrow.

Sharot, T. (2012). The Optimism Bias: Why We're Wired to Look on the Bright Side. Robinson.

Sharot, T., Korn, C. W., & Dolan, R. J. (2011). 'How unrealistic optimism is maintained in the face of reality'. Nature neuroscience, 14(11), 1475-1479. https://doi.org/10.1038/nn.2949

Sharot, T. (2017). The influential mind: What the brain reveals about our power to change others. Henry Holt and Company.

Shermer, M. (2002). Why people believe weird things: Pseudoscience, superstition, and other confusions of our time. Holt Paperbacks.

Shermer, M. (2017). Skeptic: Viewing the world with a rational eye. Henry Holt and Company.

Stokstad, E. (2018). 'Seeing climate change: Science, empathy, and the visual culture of climate change'. Environmental Humanities, 10(1), 108-124.

Tavris, C., & Aronson, E. (2007). Mistakes Were Made (But Not by Me): Why We Justify Foolish Beliefs, Bad Decisions, and Hurtful Acts. Houghton Mifflin Harcourt.

Zajonc, R. B. (1980). 'Feeling and Thinking: Preferences Need No Inferences'. American Psychologist, 35(2), 151-175. https://doi.org/10.1037/0003-066X.35.2.151

法则 5

Anderson, C. P., & Slade, S. (2017). 'How to turn criticism into a competitive advantage'. Harvard Business Review, 95(5), 94-101.

Aronson, E. (1969). 'The theory of cognitive dissonance: A current perspective'. In L. Berkowitz (Ed.), Advances in experimental social psychology (Vol. 4, pp. 1-34). Academic Press.

Chansky, T. (2020). 'Transitions: How to Lean In and Adjust to Change'. Tamar E. Chansky. https://tamarchansky.com/transitions-how-to-lean-in-and-adjust-to-change/

Festinger, L. (1957). A Theory of Cognitive Dissonance. Stanford University Press.

Ford, H. (1922). My Life and Work. Currency.

Grover, A. (1992). "Only the Paranoid Survive": How to Exploit the Crisis Points That Challenge Every Company. Doubleday.

MacDailyNews. (2010, March 13). 'Microsoft CEO Steve Ballmer laughs at Apple iPhone' [Video]. YouTube. https://www.youtube.com/watch?v=nXq9NTjEdTo

Mulligan, M. (2022, May 11). 'How iPod changed everything'. Music Industry Blog. https://musicindustryblog.wordpress.com/2022/05/11/how-ipod-changed-everything/

Orr, M. (2019). Lean Out: The Truth About Women, Power, and the

Workplace. HarperCollins Leadership.

Ross, L. (1977). 'The intuitive psychologist and his shortcomings: Distortions in the attribution process'. In L. Berkowitz (Ed.), Advances in experimental social psychology (Vol. 10, pp. 173-220). Academic Press.

Ross, L. (2014). The psychology of intractable conflict: A handbook for political leaders. Oxford University Press.

Stoll, C. (1995, February 26). 'Why the Web Won't Be Nirvana'. Newsweek. https://www.newsweek.com/clifford-stoll-why-web-wont-benirvana-185306

法则 6

Cialdini, R. B. (1984). Influence: The psychology of persuasion. New York: Harper Collins.

Cooper, J. (2007). Cognitive dissonance: Fifty years of a classic theory. Los Angeles, CA: Sage Publications.

Festinger, L. (1957). A Theory of Cognitive Dissonance. Stanford University Press.

Harris, T. E. (2014). The up-side of down: Why failing well is the key to success. Atria Paperback.

Kamarck, E. (2012, September 11) 'Are You Better Off Than You Were 4 Years Ago?' WBUR. https://www.wbur.org/cognoscenti/2012/09/11/better-off-2012-elaine-kamarck

McArdle, M. (2014). The Up Side of Down: Why Failing Well is the Key to Success. Viking.

Maddux, J. E., & Rogers, R. W. (1983). Protection motivation and self-efficacy: A revised theory of fear appeals and attitude change. Journal of Experimental Social Psychology, 19(5), 469-479. https://doi.org/10.1016/0022-1031(83)90023-9

O'Keefe, D. J. (2002). Persuasion: Theory and research (2nd ed.). Sage Publications.

O'Mara, M. (2020, September 10). 'Are You Better Off than You Were Four Years Ago?: The Economy in Presidential Politics'. Perspectives on History. https://www.historians.org/research-and-publicationsperspectives-on-history/october-2020/are-you-better-off-than-youwere-four-years-ago-the-economy-in-presidential-politics

Reagan Library. (2016, May 6). 'Presidential Debate with Ronald Reagan and President Carter, October 28, 1980' [Video]. YouTube. https://www.youtube.com/watch?v=tWEm6g0iQNI

Schwarz, N. (1999). 'Self-reports: How the questions shape the answers'. American Psychologist, 54(2), 93-105. https://doi.org/10.1037/0003-066X.54.2.93

Sherman, D. K., & Cohen, G. L. (2006). 'The psychology of self-defense:Self-affirmation theory'. In M. P. Zanna (Ed.), Advances in experimental social psychology, Vol. 38, pp. 183-242. Elsevier Academic Press. https://doi.org/10.1016/S0065-2601(06)38004-5

Sprott, D. E., Spangenberg, E. R., Block, L. G., Fitzsimons, G. J., Morwitz, V. G., & Williams, P. (2006). 'The question-behavior effect: What we know and where we go from here'. Social Influence, 1(2),128-137. https://doi.org/10.1080/15534510600685409

Tavris, C., & Aronson, E. (2008). Mistakes were made (but not by me): Why we justify foolish beliefs, bad decisions, and hurtful acts. Houghton Mifflin Harcourt.s.

Wood, W., Tam, L., & Witt, M. G. (2005). 'Changing circumstances, disrupting habits'. Journal of Personality and Social Psychology, 88(6), 918-933. https://doi.org/10.1037/0022-3514.88.6.918

法则 7

Aryani, E. (2016). 'The role of self-story in mental toughness of students in Yogyakarta'. Journal of Educational Psychology and Counseling, 2(1), 25-31.

Duckworth, A. L., Peterson, C., Matthews, M. D., & Kelly, D. R. (2007). 'Grit: perseverance and passion for long-term goals'. Journal of Personality and Social Psychology, 92(6), 1087-1101. https://doi.org/10.1037/0022-3514.92.6.1087

Eubank Jr., C. (2023, May 1). Personal communication.

Gladwell, M. (2008). Outliers: The story of success. Little, Allen Lane.

Macnamara, B. N., Hambrick, D. Z., & Oswald, F. L. (2014). 'Deliberate practice and performance in music, games, sports, education, and professions: A meta-analysis'. Psychological Science, 25(8), 1608-1618. https://doi.org/10.1177/0956797614535810

Polk, L. (2018). 'Self-concept and resilience: A correlation'. International Journal of Social Science and Economic Research, 3(2), 1280-1291.

Singh, P. (2023). Your self-story: The secret strategy for achieving big ambitions. HarperCollins.

Steele, C. M., & Aronson, J. (1995). 'Stereotype threat and the intellectual test performance of African Americans'. Journal of Personality and Social Psychology, 69(5), 797-811. https://doi.org/10.1037/0022-3514.69.5.797

Tentama, F. (2020). 'Self-story, resilience, and mental toughness'. Journal of Applied Psychology, 4(1), 13-21.

Wooden, J. (2001). Wooden: A lifetime of observations and reflections on and off the court. McGraw Hill.

Woolfolk Hoy, A., & Murphy, P. K. (2008). 'Identity development, motivation, and achievement in adolescence'. In J. L. Meece & J. S. Eccles (Eds.), Handbook of research on schools, schooling, and human development (pp.391-414). Routledge.

Zhang, S., Tompson, S., White-Spenik, D., & Blair, C. B. (2013). 'Stereotype threat and self-affirmation: The moderating role of race/ethnicity and self-esteem'. Cultural Diversity and Ethnic Minority Psychology,19(4), 395-405.

法则 8

American Psychological Association. 'What you need to know about willpower: The psychological science of self-control'. (2023, March 21). https://www.apa.org. https://www.apa.org/topics/personality/willpower

Baumeister, R. F., Bratslavsky, E., Muraven, M., & Tice, D. M. (1998). 'Ego depletion: Is the active self a limited resource?'. Journal of personality and social psychology, 74(5), 1252-1265. https://doi.org/10.1037/0022-3514.74.5.1252

Clear, J. (2020a, February 4). 'How to Break a Bad Habit (and Replace It With a Good One)'. James Clear. https://jamesclear.com/how-to-break-a-bad-habit

Duhigg, C. (2014). The Power of Habit: Why We Do What We Do in Life and Business. Random House.

Eyal, N. (2014). Hooked: How to Build Habit-Forming Products. Penguin.

Ferrario, C. R., Gorny, G., & Crombag, H. S. (2005). 'On the neural and psychological mechanisms underlying compulsive drug seeking in addiction'. Progress in Neuro-Psychopharmacology and Biological Psychiatry, 29(4), 613-627.

Friedman, R. S., Fishbach, A., & Föster, J. (2003). 'The effects of promotion and prevention cues on creativity'. Journal of Personality and Social Psychology, 85(2), 312-326.

Gollwitzer, P. M., & Sheeran, P. (2006). 'Implementation intentions and goal achievement: A meta-analysis of effects and processes'. Advances in Experimental Social Psychology, 38, 69-119. https://doi.org/10.1016/S0065-2601(06)38002-1

Hofmann, W., Adriaanse, M., Vohs, K. D., & Baumeister, R. F. (2014). 'Dieting and the self-control of eating in everyday environments: An experience sampling study'. British Journal of Health Psychology, 19(3), 523-539. https://doi: 10.1111/bjhp.12053

Muraven, M., Tice, D. M., & Baumeister, R. F. (1998). 'Selfcontrol as a limited resource: Regulatory depletion patterns'. Journal of personality and social psychology, 74(3), 774-789. https://doi.org/10.1037/0022-3514.74.3.774

Segerstrom, S. C., Stanton, A. L., Alden, L. E., & Shortridge, B. E. (2003). 'A multidimensional structure for repetitive thought: what's on your mind, and how, and how much?'. Journal of Personality and Social Psychology, 85(5), 909-921. https://doi.org/10.1037/0022-3514.85.5.909

Sharot, T. (2019). The Influential Mind: What the Brain Reveals About Our Power to Change Others. Abacus.

Wegner, D. M., Schneider, D. J., Carter, S. R., & White, T. L. (1987). 'Paradoxical effects of thought suppression'. Journal of Personality and Social Psychology, 53(1), 5-13. https://doi.org/10.1037/0022-3514.53.1.5

Wood, W., & Neal, D. T. (2007). 'A new look at habits and the habitgoal interface'. Psychological review, 114(4), 843-863. https://doi.org/10.1037/0033-295X.114.4.843

法则 9

Buffett, W. E. (1998). 'Owner's manual'. Fortune, 137(3), 33.

Caci, G., Albini, A., Malerba, M., Noonan, D. M., Pochetti, P., & Polosa, R. (2020). 'COVID-19 and Obesity: Dangerous Liaisons'. Journal of Clinical Medicine, 9(8), 2511. https://doi.org/10.3390/jcm9082511

Centers for Disease Control and Prevention. 'Obesity, Race/Ethnicity, and COVID-19'. (2022, September 27). https://www.cdc.gov/obesity/data/obesity-and-covid-19.html

Obama, President. (2013, September 26) 'Remarks by the President on the Affordable Care Act'. whitehouse.gov. https://obama whitehouse.archives.gov/the-press-off ice/2013/09/26/remarkspresident-affordable-care-act

法则 10

Allan, R. P. et al. (2021). 'Climate Change 2021: The Physical Science Basis. Contribution of Working Group I to the Sixth Assessment Report of the Intergovernmental Panel on Climate Change'. Cambridge University Press.

Brennan, S., & Mailonline, B. S. B. F. (2018, May 14). 'Is this the best workplace in Britain?' Mail Online. https://www.dailymail.co.uk/femail/article-5718875/Is-best-workplace-Britain.html

Coldwell, W. (2018, August 18). 'Drink in the view: BrewDog to open its first UK "beer hotel".' Guardian. https://www.theguardian.com/travel/2018/feb/20/drink-in-the-view-brewdog-to-open-its-first-ukbeer-hotel

International Energy Agency. (2021). 'Net Zero by 2050: A Roadmap for the Global Energy Sector'.

McCarthy, N. (2019, February 8). 'The Tesla Model 3 Was The Best-Selling Luxury Car In America Last Year' [Infographic]. Forbes. https://www.forbes.com/sites/niallmccarthy/2019/02/08/the-tesla-model-3-was-the-best-selling-luxury-car-in-america-lastyear-infographic/

Morris, J. (2020, June 14). 'How Did Tesla Become The Most Valuable Car Company In The World?' Forbes. https://www.forbes.com/sites/jamesmorris/2020/06/14/how-did-tesla-become-the-mostvaluable-car-company-in-the-world/NASA Global Climate Change. (n.d.). 'Causes of Climate Change'. Retrieved April 30, 2023, from https://climate.nasa.gov/causes/

NASA Global Climate Change. (n.d.). 'The Causes of Climate Change'. Retrieved April 30, 2023, from https://climate.nasa.gov/causes/

National Oceanic and Atmospheric Administration. (n.d.). 'Climate'. Retrieved April 30, 2023, from https://www.climate.gov/

Shastri, A. (2023, April 6). 'Complete Analysis on Tesla Marketing Strategy – 2023 | IIDE'. IIDE. https://iide.co/case-studies/tesla-marketing-strategy/

Sutherland, R. (2019). Alchemy: The Surprising Power of Ideas that Don't

Make Sense. WH Allen.

Union of Concerned Scientists. (2022). 'The Climate Deception Dossiers'.

United Nations Environment Programme. (2021). 'The Emissions Gap Report 2021'. https://www.unep.org/resources/emissions-gap-report-2021

United Nations Framework Convention on Climate Change. (2015). 'Paris Agreement'. Retrieved April 30, 2023, from https://unfccc.int/process-and-meetings/the-paris-agreement/the-paris-agreement

United States Environmental Protection Agency. 2023, May 2. 'Climate Change Indicators in the United States'. https://www.epa.gov/climate-indicators

World Wildlife Fund. (n.d.). 'Climate Change'. Retrieved April 30, 2023, from https://www.worldwildlife.org/threats/climate-change

法则 11

127 Hours. (2010). [Motion Picture]. Fox Searchlight Pictures.

Avery, S. N. and Blackford, J. U. (2016, July 21). 'Slow to warm up: the role of habituation in social fear', Social Cognitive and Affective Neuroscience, 11(11), 1832-1840. https://doi: 10.1093/scan/nsw095

BBC NEWS. 'I cut off my arm to survive'.(n.d.). http://news.bbc.co.uk/1/hi/health/2346951.stm

Davies, S. J. (2017). The Art of Mindfulness in Sport Psychology: Mindfulness in Motion. Routledge.

Diamond, D. M., Park, C. R., Campbell, A. M., Woodson, J. C. and Conrad, C. D. (2005). 'Influence of predator stress on the consolidation versus retrieval of long-term spatial memory and hippocampal spinogenesis'. Hippocampus, 16(7), 571-576. https://doi: 10.1002/hipo.20188

Frederick, P. (2011). 'Persuasive Writing: How to Harness the Power of Words'. ResearchGate. https://www.researchgate.net/publication/275207550_Persuasive_Writing_How_to_Harness_the_Power_ of_Words

Groves, P. M., & Thompson, R. F. (1970). 'Habituation: A dual-process theory'. Psychological Review, 77(5), 419-450. https://doi.org/10.1037/h0029810

James, L. R. (1952). 'A review of habituation'. Psychological Bulletin, 49(4), 345-356.

James, W. (1890). The principles of psychology. Henry Holt.

Keegan, S.M. (2015). The Psychology of Fear in Organizations: How to Transform Anxiety into Well-being, Productivity and Innovation. Kogan Page.

LeDoux, J. E. (2015). Anxious: Using the Brain to Understand and Treat Fear and Anxiety. Viking.

McGonigal, K. (2015). The Upside of Stress: Why Stress Is Good for You, and How to Get Good at It. Avery.

McGuire, W. J. (1968). 'Personality and susceptibility to social influence'. In E. F. Borgatta & W. W. Lambert (Eds.), Handbook of personality theory and research (pp. 1130-1187). Rand McNally.

Mitchell, A. A., & Olson, J. C. (1981). 'Are product attribute beliefs the only mediator of advertising effects on brand attitude?'. Journal of Marketing Research, 18(3), 318-332. https://doi.org/10.2307/3150973

Petty, R. E., & Cacioppo, J. T. (1986). Communication and persuasion: Central and peripheral routes to attitude change. Springer.

Ralston, A. (2005). Between a Rock and a Hard Place. Simon & Schuster.

Sapolsky, R. M. (2017). Behave: The Biology of Humans at Our Best and Worst. Penguin Press.

Selye, H. (1976). The Stress of Life. McGraw-Hill.

Smith, C. A. (1965). 'The effects of stimulus variation on the semantic satiation phenomenon'. Journal of Verbal Learning and Verbal Behavior, 4(5), 447-453.

Sokolov, E. N. (1963). 'Higher nervous functions: The orienting reflex'.

Annual Review of Physiology, 25(1), 545–580. https://doi.org/10.1146/annurev.ph.25.030163.002553

Wilson, F. A. W., Rolls, E. T. (1993). 'The effects of stimulus novelty and familiarity on neuronal activity in the amygdala of monkeys performing recognition memory tasks'. Experimental Brain Research, 93, 367–382. https://doi:10.1007/BF00229353

Wilson, T. D., & Brekke, N. (1994). 'Mental contamination and mental correction: Unwanted influences on judgments and evaluations'. Psychological Bulletin, 116(1), 117–142. https://doi.org/10.1037/0033-2909.116.1.117

Winkielman, P., Halberstadt, J., Fazendeiro, T., & Catty, S. (2006). 'Prototypes are attractive because they are easy on the mind'. Psychological Science, 17(9), 799–806. https://doi.org/10.1111/j.1467-9280.2006.01780.x

法则 12

Manson, M. (2016). The subtle art of not giving a f*ck: A counterintuitive approach to living a good life. Harper.

Midson-Short, D. (2019). 'The Rise of Cursing in Marketing. Shorthand Content Marketing'. https://shorthandcontent.com/marketing/curse-words-in-marketing/

Knight, S. (2016). Calm the f**k down: How to control what you can and accept what you can't so you can stop freaking out and get on with your life. Quercus.

Kludt, A. (2018, November 2). 'Dermalogica's Founder Thinks People-Pleasing Leads to Mediocrity'. Eater. https://www.eater.com/2018/11/2/18047774/dermalogicas-ceo-jane-wurwand-start-to-sale

The Diary Of A CEO. (2022b, June 13). 'Dermalogica Founder: Building A Billion Dollar Business While Looking After Your Mental Health' [Video]. YouTube. https://www.youtube.com/watch?v=0KDESUdPRXs

法则 13

Battye, L. (2022). 'Why We're Loving It: The Psychology Behind the McDonald's Restaurant of the Future'. The BE Hub. https:// www. behavioraleconomics.com/loving-psychology-behindmcdonalds-restaurant-future/

Dmitracova, O. (2019, December 2). 'What companies can learn from behavioural psychology'. Independent. https://www.independent.co.uk/ voices/customer-service-behavioural-psychology-uber-fred-reichheld-mckinsey-company-a9229931.html

Duhigg, C. (2016). The Power of Habit: Why We Do What We Do in Life and Business. Random House.

Fowler, G. (2014, July 22). 'The Secret to Uber's Success? It Isn't Technology'. Wired.

Hogan, Candice. (2019, January 28). 'How Uber Leverages Applied Behavioral Science at Scale'. Uber Blog. https://www.uber.com/en-GB/blog/applied-behavioral-science-at-scale/

Kim, W. C. and Mauborgne, R. (2004, October). ' Blue Ocean Strategy', Harvard Business Review.

Sutherland, R. (2019). Alchemy: The Surprising Power of Ideas that Don't Make Sense. WH Allen.

The Secret Developer. (2023, January 6). 'Uber's Psychological Moonshot – The Secret Developer'. Medium. https://medium.com/@tsecretdeveloper/ ubers-psychological-moonshot-8e75078722ae

Uber. (2023). 'About Uber'. https://www.uber.com/us/en/about/

法则 14

Ranganathan, C. (2019). Friction is Fiction: The Future of Marketing. HarperCollins Publishers.

Sutherland, R. (2011). 'Rory Sutherland: Life lessons from an ad man'. TED

Talks. https://www.ted.com/talks/rory_sutherland_life_lessons_from_an_ad_man

Tversky, A., & Kahneman, D. (1974). 'Judgment under uncertainty: Heuristics and biases'. Science, 185(4157), 1124-1131. https://doi:10.1126/science.185.4157.1124

Wertenbroch, K., & Skiera, B. (2002). 'Measuring consumers' willingness to pay at the point of purchase'. Journal of Marketing Research, 39(2), 228-241. https://doi.org/10.1509/jmkr.39.2.228.19086

West, P. M., Brown, C. L., & Hoch, S. J. (1996). 'Consumption vocabulary and preference formation'. Journal of Consumer Research, 23(2), 120-135.

法则 15

Babin, B. J., Hardesty, D. M., & Suter, T. A. (2003). 'Color and shopping intentions: The intervening effect of price fairness and perceived affect'. Journal of Business Research, 56(7), 541-551. https://doi.org/10.1016/S0148-2963(01)00246-6

Khan, U., & Dhar, R. (2007). 'Licensing effect in consumer choice'. Journal of Marketing Research, 44(2), 259-266.

Kivetz, R., & Simonson, I. (2002). 'Earning the right to indulge: Effort as a determinant of customer preferences toward frequency program rewards'. Journal of Marketing Research, 39(2), 155-170.

Koelbel, C., & Helgeson, J. G. (2008). 'Scarcity appeals in advertising: Theoretical and empirical considerations'. Journal of Advertising, 37(1), 19-33.

Kotler, P., Kartajaya, H., & Setiawan, I. (2018). Marketing 4.0: Moving from traditional to digital. John Wiley & Sons.

Levy, M. (1959). 'Symbols for sale'. Harvard Business Review, 37(4), 117-124.

Müller-Lyer, FC (1889). 'Optische Urteilstäschungen'. Archiv für Physiologie

Suppl. 1889: 263-270.

Thaler, R. H. (1985). 'Mental accounting and consumer choice'. Marketing Science, 4(3), 199-214.

WHOOP. (2023). WHOOP Homepage. Retrieved May 1, 2023, from https://www.whoop.com/

法则 16

Alagappan, Sathesh. (2018, May 28). 'The Goldilocks Effect: Simple but clever marketing'. Medium. https://medium.com/@WinstonWolfDigi/goldilocks-effect-simple-but-clever-marketing-dfb87f4fa58c

Ariely, D. (2009, May 19). 'Are we in control of our decisions?' [Video]. TED Talk. https://www.youtube.com/watch?v=9X68dm92HVI

Clear, J. (2020c, February 4). 'The Goldilocks Rule: How to Stay Motivated in Life and Business'. https://jamesclear.com/goldilocks-rule

Cunff, A. L. (2020). 'The Goldilocks Principle of Stress and Anxiety'. Ness Labs. https://nesslabs.com/goldilocks-principle

Kemp, S. (2019). 'The Goldilocks Effect: Using Anchoring to Boost Your Conversion Rates'. Neil Patel. https://neilpatel.com/blog/goldilocks-effect/

Kinnu. (2023, January 11). 'What is Anchoring Bias and How to Overcome It?'. https://kinnu.xyz/kinnuverse/science/cognitive-biases/howmental-shortcuts-filter-information/

Tversky, A., & Kahneman, D. (1991). 'Loss Aversion in Riskless Choice: A Reference-Dependent Model'. The Quarterly Journal of Economics, 106(4), 1039-1061. https://doi.org/10.2307/2937956

法则 17

Bratton, S. C., & Gold, M. S. (2012). Human resource management: Theory and practice (5th ed.). Palgrave Macmillan.

Build-A-Bear. (n.d.). About Build-A-Bear Workshop?. Retrieved May 1,2023, from https ://www.buildabear.com/about-us.html

Buric, R. (2022). The Endowment Effect – Everything You Need to Know. InsideBE. https://insidebe.com/articles/the-endowment-effect-2/

Kahneman, D., & Tversky, A. (1979). Prospect theory: An analysis of decision under risk. Econometrica, 47(2), 263-292. https://doi.org/10.2307/1914185

Kivetz, R., Urminsky, O., & Zheng, Y. (2006). The goal-gradient hypothesis resurrected: Purchase acceleration, illusionary goal progress, and customer retention. Journal of Marketing Research, 43(1), 39-58. https://doi.org/10.1509/jmkr.43.1.39

Thaler, R. H. (1985). Mental accounting and consumer choice. Marketing Science, 4(3), 199-214. https://doi.org/10.1287/mksc.4.3.199

Vohs, K. D., Mead, N. L., & Goode, M. R. (2008). Merely activating the concept of money changes personal and interpersonal behavior. Current Directions in Psychological Science, 17(3), 208-212. https://doi.org/10.1111/j.1467-8721.2008.00576.x

法则 18

Becker, H. S. (2007). Writing for social scientists: How to start and finish your thesis, book, or article (2nd ed.). University of Chicago Press.

Duistermaat, H. (2013). How to Write Seductive Web Copy: An Easy Guide to Picking Up More Customers. Henneke Duistermaat.

Ferriss, T. (2016). Tools of Titans: The Tactics, Routines, and Habits of Billionaires, Icons, and World-Class Performers. Vermilion.

Godin, S. (2009). All Marketers Are Liars: The Power of Telling Authentic Stories in a Low-Trust World. Portfolio Penguin.

Godin, S. (2012). The Icarus Deception: How High Will You Fly? Portfolio Penguin.

Guberman, R. (2016). The Ultimate Guide to Video Marketing. Entrepreneur Press.

Johnson, M. (n.d.). 'The Power of Pause'. Ethos3 – a Presentation Training and Design Agency. https://ethos3.com/the-power-of-pause/

Kawasaki, G. (2005). The art of the start: The time-tested, battle-hardened guide for anyone starting anything. Portfolio Penguin.

Pink, D. H. (2006). A Whole New Mind: Why Right-Brainers Will Rule the Future. Riverhead Books.

Ries, E. (2011). The Lean Startup: How Today's Entrepreneurs Use Continuous Innovation to Create Radically Successful Businesses. Crown Business.

Robbins, T. (2017). Unshakeable: Your Financial Freedom Playbook. Simon & Schuster.

Sinek, S. (2011). Start with Why: How Great Leaders Inspire Everyone to Take Action. Portfolio Penguin.

Thiel, P. (2014). Zero to One: Notes on Startups, or How to Build the Future. Currency.

Vaynerchuk, G. (2013). Jab, Jab, Jab, Right Hook: How to Tell Your Story in a Noisy Social World. HarperBusiness.

Vorster, Andrew. (2021). '7 seconds'. https://www.andrewvorster.com/7-seconds/

法则 19

Altman, D. (2023, January 12). 'Go Big by Thinking Small: The Power of Incrementalism'. Project Management Institute. https://community.pmi.org/blog-post/73777/go-big-by-thinking-smallthe-power-of-incrementalism-theory#_=_

Amabile, T. M. (2020, May 6). 'The Power of Small Wins'. Harvard Business Review. https://hbr.org/2011/05/the-power-of-small-wins

Clifford, J. (2014, February 10) 'Power to the People – Toyota's Suggestion System'. Toyota UK Magazine. https://mag.toyota.co.uk/toyota-and-the-power-of-suggestion

Cunff, A. L. (2020b). 'Constructive criticism: how to give and receive feedback'. Ness Labs. https://nesslabs.com/constructivecriticism-give-receive-feedback

Laloux, F. (2014). 'Reinventing organizations: A guide to creating organizations inspired by the next stage in human consciousness'. Nelson Parker.

Liker, J. K. (2004). The Toyota way: 14 management principles from the world's greatest manufacturer. McGraw-Hill.

Senge, P. M. (1994). The fifth discipline: The art and practice of the learning organization. Doubleday/Currency.

Spear, S. J., & Bowen, H. K. (1999). Decoding the DNA of the Toyota production system. Harvard Business Review, 77(5), 96-106.

Kos, B. (2023, April 12) 'Kaizen - Constant improvement as the winning strategy' Spica. https://www.spica.com/blog/kaizen-method

Toyota Blog. (2013, May 31). 'What is kaizen and how does Toyota use it?'. Toyota UK Magazine. https://mag.toyota.co.uk/kaizen-toyota-production-system/#:~:text=Kaizen%20(English%3A%20Continuous%20improvement)%3A,maximise%20productivity%20at%20every%20worksite.

Womack, J. P., & Jones, D. T. (2003). Lean thinking: Banish waste and create wealth in your corporation. Simon and Schuster.

Wye, Alistair. (2020, November 20). 'Never ignore marginal gains. The secret of how a 1% gain each day adds up to massive results for legal organisations'. Lawtomated. https://lawtomated.com/never-ignore-marginal-gains-the-secret-of-how-a-1-gain-each-dayadds-up-to-massive-results-for-legal-organisations/

法则 20

Barbie, D. J. (ed.) (2010). The tiger woods phenomenon: Essays on the cultural impact of golf's fallible superman. McFarland & Co.

Barabási, A.-L. (2018). The Formula: The Universal Laws of Success. Simon& Schuster.

Darwin, C. (1859). On the origin of species by means of natural selection, or the preservation of favoured races in the struggle for life. John Murray.

Gottman, J. M., & Silver, N. (2018). The seven principles for making marriage work: A practical guide from the country's foremost relationship expert. Harmony.

Hammer, M., & Champy, J. (1993). Reengineering the corporation: A manifesto for business revolution. HarperBusiness.

Harmon, B., & Crouse, R. (1997). Butch Harmon's playing lessons: Work on your game. Simon & Schuster.

Kaizen Institute. (2018). 'What is kaizen?'. https://www.kaizen.com/about-us/what-is-kaizen.html

Kanigel, R. (2010). The one best way: Frederick Winslow Taylor and the enigma of efficiency. MIT Press.

Liker, J. K. (2004). The Toyota way: 14 management principles from the world's greatest manufacturer. McGraw-Hill.

McGrath, R. G. (2013). The end of competitive advantage: How to keep your strategy moving as fast as your business. Harvard Business Press.

Nakao, Y. (2014). The Toyota way: Continuous improvement as a business strategy. Business Expert Press.

法则 21

Batten Institute University of Virginia Darden School of Business. (2012, June 20). 'Creating An Innovation Culture: Accepting Failure is Necessary'. Forbes. https://www.forbes.com/sites/ darden/2012/06/20/creating-an-innovation-culture-accepting-failure-is-necessary/?sh=11dc9e21754e

Bezos, J. (2017). '2016 Letter to Shareholders'. Amazon. Retrieved from https://www.amazon.com/p/feature/z6o9g6sysxur57t

Cold Call. (2022, August 31). 'At Booking.com, Innovation Means Constant Failure'. Harvard Business Review. https://hbr.org/podcast/2019/09/ at-booking-com-innovation-means-constant-failure

Donovan, N. (2022). 'The role of experimentation at Booking.com'. Booking.com for Partners. https://partner.booking.com/en-gb/click-magazine/ industry-perspectives/role-experimentation-bookingcom

Hamel, G. (2016, September 6). 'Excess Management Is Costing the U.S. $3 Trillion Per Year'. Harvard Business Review. https://hbr.org/2016/09/ excess-management-is-costing-the-us-3-trillion-per-year

Hamel, G. (2018, October 29). 'Yes, You Can Eliminate Bureaucracy'. Harvard Business Review.

Harris, S. (2018). 10% Happier: How I Tamed the Voice in My Head, Reduced Stress Without Losing My Edge, and Found Self-Help That Actually Works—A True Story. Yellow Kite.

IBM. (2021). 'IBM History'. Retrieved from https://www.ibm.com/ibm/ history/history/

Kahneman, D. (2011). Thinking, fast and slow. Straus and Giroux.

Kaizen Institute. (n.d.). 'What is Kaizen?'. Retrieved from https://kaizen.com/ what-is-kaizen.shtml

Kim, E. (2016, May 29). 'How Amazon CEO Jeff Bezos has inspired people to change the way they think about failure'. Business Insider India. https://www.businessinsider.in/tech/how-amazon-ceo-jeff-bezoshas-inspired-people-to-change-the-way-they-think-about-failure/ articleshow/52481780.cms

Kotter, J. P. (1996). Leading change. Harvard Business Press.

Lencioni, P. (2012). The Advantage: Why Organizational Health Trumps Everything Else in Business. Jossey-Bass.

Lindzon, J. (2022). 'Do we still need managers? Most workers say "no".' Fast Company. https://www.fastcompany.com/90716503/do-we-still-needmanagers-most-workers-say-no

Mackenzie, K. (2019). What Is Empowerment, and How Does It Support Employee Motivation? SHRM.

Obama, B. (2020). A Promised Land. Viking.

Peter, L. J., & Hull, R. (1969). The Peter principle: Why things always go wrong. William Morrow.

Ruimin, Z. (2014, August 1). 'Raising Haier'. Harvard Business Review. https://hbr.org/2007/02/raising-haier

Stone, M. (2020, September 24). 'The pandemic became personal when Booking Holdings' CEO caught COVID-19. Now, he's taking on Airbnb and calling on the government to save a battered travel industry'. Business Insider. https://www.businessinsider.com/bookingholdings-ceo-airbnb-pandemic-travel-future-2020-9?r=US&IR=T

Westrum, R. (2004). 'A typology of resilience situations'. Journal of Contingencies and Crisis Management, 12(3), 98-107.

法则 22

Atkinson, E. (2022, October 20). 'Andes plane crash survivors have 'no regrets' over resorting to cannibalism'. Independent. https://www.independent.co.uk/news/world/americas/andes-plane-crash-survivors-cannabalism-b2203833.html

Delgado, K. J. (2009). 'Social Psychology in Action: A Critical Analysis of Alive'. https://corescholar.libraries.wright.edu/psych_student/2

Mulvaney, K. (2021, October 13). 'Miracle of the Andes: How Survivors of the Flight Disaster Struggled to Stay Alive'. History. https://www.history.com/news/miracle-andes-disaster-survival

Parrado, N. (2007). Miracle in the Andes: 72 Days on the Mountain and My Long Trek Home. Orion.

Read, P. P. (1974). Alive: The story of the Andes survivors. J.B. Lippincott.

Sterling, T. (2010). 'Thirty-two years of the "Alive" story'. Air & Space Smithsonian, 25(3), 16-22.

Stroud, D. (2015). Survive!: Essential Skills and Tactics to Get You Out of Anywhere - Alive. William Morrow & Company.

法则 23

Bride, H. (1912, April 20). 'Women Who Escaped Death Tell of Thrilling Rescues: Stories of Courage and Fortitude Told by Those Who Lived Through Sinking of Titanic'. New York Times.

Carter, W. (1912). How I Survived the Titanic. New York: Century Co.

Eyal, N. (2023, April 25). Personal communication.

Gollwitzer, P. M., & Sheeran, P. (2006). 'Implementation intentions and goal achievement: A meta-analysis of effects and processes'. Advances in Experimental Social Psychology, 38, 69-119. https://doi.org/10.1016/S0065-2601(06)38002-1

Hopkinson, D. (2014). Titanic: Voices from the disaster. Scholastic Press.

Lynch, D. (2012). Titanic: An Illustrated History. Hyperion.

Mowbray, J. (2003). The Sinking of the Titanic: Eyewitness Accounts. Dover Publications.

Reed, J. (2019, August 2). 'Understanding The Psychology of Willful Blindness'. https://authorjoannereed.net/understanding-the-psychology-of-willful-blindness/#:~:text=%E2%80%9CThe%20psychology%20of%20willful%20blindness,to%20let%20out%20is%20crucial

Rosenberg, J. (2022). The Ostrich Effect: The Psychology of Avoiding What We Most Fear and Deserve. Viking Press.

Sprott, D. E., Spangenberg, E. R., & Fischer, R. (2003). 'Reconceptualizing perceived value: The role of perceived risk'. Journal of Consumer Research, 30(3), 433-448.

Thaler, R. H. (1999). 'Mental accounting matters'. Journal of Behavioral

Decision Making, 12(3), 183-206. https://doi.org/10.1002/(SICI)1099-0771(199909)12:3<183::AID-BDM318>3.0.CO;2-F

Vaillant G. E. (1994). 'Ego mechanisms of defense and personality psychopathology'. Journal of Abnormal Psychology. 1994 Feb;103(1):44-50. doi: 10.1037//0021-843x.103.1.44. PMID: 8040479

法则 24

King, B. J. (1988). Pressure is a privilege. LifeTime Media.

Lazarus, R. S., & Folkman, S. (1984). Stress, appraisal, and coping. Springer Publishing Company.

McGonigal, K. (2013). 'How to make stress your friend' [Video file]. TED Conferences LLC. https://www.ted.com/talks/kelly_mcgonigal_how_to_make_stress_your_friend

Park, J., & Folkman, S. (1997). 'Meaning in the context of stress and coping'. Review of general psychology, 1(2), 115-144.

Sapolsky, R. M. (2004). Why Zebras Don't Get Ulcers: The Acclaimed Guide to Stress, Stress-related Diseases and Coping. St. Martins Press.

Sheldon, K. M. and Elliot, A. J. (1999). 'Goal striving, need satisfaction, and longitudinal well-being: The self-concordance model'. Journal of Personality and Social Psychology, 76(3), 482-497. https://doi.org/10.1037/0022-3514.76.3.482

Smyth, J., & Hockemeyer, J. R. (1998). 'The beneficial effects of daily activity on mood: Evidence from a randomized, controlled study'. Journal of health psychology, 3(3), 357-373.

Spreitzer, G. M., & Sonenshein, S. (2004). 'Toward the construct definition of positive deviance'. American Behavioral Scientist, 47(6), 828-847. https://doi.org/10.1177/0002764203260212

Tedeschi, R. G., & Calhoun, L. G. (2004). 'Posttraumatic growth: Conceptual foundations and empirical evidence'. Psychological Inquiry, 15(1), 1-18.

https://doi.org/10.1207/s15327965pli1501_01

Wood, A. M., & Joseph, S. (2010). 'The absence of positive psychological (eudemonic) well-being as a risk factor for depression: A ten-year cohort study'. Journal of affective disorders, 122(3), 213-217. https://doi:10.1016/j.jad.2009.06.032

法则 25

Custer, R. L. (2018). 'Why do startups fail?'. US Small Business Administration. https://www.sba.gov/sites/default/files/Business-Survival.pdf

Delisle, J. (2017, April 2). 'Pre-mortem: an effective tool to avoid failure'. Beeye. https://www.mybeeye.com/blog/pre-mortemeffective-tool-to-prevent-failure

Dweck, C. S. (2017). Mindset - Updated Edition: Changing the Way You Think to Fulfil Your Potential. Robinson.

Kahneman, D. (2011). Thinking, Fast and Slow. Farrar, Straus and Giroux.

Klein, G. (2007, September). 'Performing a Project Premortem'. Harvard Business Review. https://hbr.org/2007/09/performing-aproject-premortem

Klein, G., Koller, T. and Lovallo, D. (2019, April 3). 'Bias Busters: Premortems: Being smart at the start'. McKinsey Quarterly. https://www.mckinsey.com/capabilities/strategy-and-corporate-finance/our-insights/bias-busters-premortems-being-smart-at-the-start

Sharot, T. (2012). The Optimism Bias: Why We're Wired to Look on the Bright Side. Robinson.

Shermer, M. (2012). Believing Brain: From Ghosts and Gods to Politics and Conspiracies - How We Construct Beliefs and Reinforce Them as Truths. Macmillan.

Smith, K.G. and Hitt, M. A. (2005). Great Minds in Management: The Process Of Theory Development. Oxford University Press.

Tversky, A. and Kahneman, D. (1974). 'Judgment Under Uncertainty:

Heuristics and Biases'. Science, 185(4157), 1124–1131. https://doi.org/10.1126/science.185.4157.1124

Wegner, D. M. (2003). The Illusion of Conscious Will. MIT Press.

法则 26

American Psychological Association. (2010). Publication Manual of the American Psychological Association (6th ed.) American Psychological Association.

Berman, M. G., Jonides, J., & Kaplan, S. (2008). 'The cognitive Benefits of Interacting with Nature'. Psychological Science, 19(12), 1207–1212. https://doi.org/10.1111/j.1467–9280.2008.02225.x

US Bureau of Labor Statistics. (2022, April 8). 'Occupational Employment and Wages, May 2021'. United States Department of Labor. https://www.bls.gov/oes/current/oes_nat.htm

Carhart-Harris, R. L., Bolstridge, M., Rucker, J., Day, C. M., Erritzoe, D., Kaelen, M., and Nutt, D. J. (2016). 'Psilocybin with psychological support for treatment-resistant depression: an open-label feasibility study'. The Lancet Psychiatry, 3(7), 619–627. https://doi.org/10.1016/ S2215-0366(16)30065-7

Hamilton, I. (2023, April 4). 'What Are The Highest-Paying Jobs in the U.S.?'. Forbes Advisor. https://www.forbes.com/advisor/education/what-are-the-highest-paying-jobs-in-the-u-s/

Hankel, I. (2021, January 8). 'In a Crowded Job Market, Here Are the Right Skills for the Future'. Forbes. https://www.forbes.com/sites/forbesbusinesscouncil/2021/01/08/in-a-crowded-job-marketthere-are-the-right-skills-for-the-future/

Jeung, D. Y., Kim, C., and Chang, S. J. (2018). 'Emotional Labor and Burnout: A Review of the Literature'. Yonsei Medical Journal, 59(2):187–193. https://doi:10.3349/ymj.2018.59.2.187. PMID: 29436185; PMCID: PMC5823819.

Markman, A. (2012). Smart Thinking: How to Think Big, Innovate and Outperform Your Rivals. Piatkus.

Markman, A. (2023). '3 signs you need to improve your emotional intelligence'. Fast Company. https://www.fastcompany.com/90839541/signs-need-work-emotional-intelligence

Martocchio, J. J. (2018). Strategic Compensation: A Human Resource Management Approach (9th ed.). Pearson.

Perlo-Freeman, S., & Sköns, E. (2021). 'The State of Peace and Security in Africa 2021'. Stockholm International Peace Research Institute (SIPRI).

Reffold, K. (2019, March 28). 'Command A Higher Salary With These Five Strategies'. Forbes. https://www.forbes.com/sites/forbeshumanresourcescouncil/2019/03/28/command-a-higher-salary-with-these-five-strategies/?sh=353bea346467

Rice, R. E. (2009). 'The internet and health communication: A framework of experiences'. In Dillard, J.P. and Pfau, M. (eds.), The Persuasion Handbook: Developments in theory and practice (pp. 325-344). Sage.

Sadun, R., Fuller, J., Hansen, S. and Neal, P. J. (2022, July-August) 'The C-Suite Skills That Matter Most'. Harvard Business Review 100(4) 42-50. https://hbr.org/2022/07/the-c-suite-skills-that-matter-most

Stewart, D. W. and Kamins, M. A. (1993). Secondary Research: Information Sources and Methods (2nd ed.). Sage Publications.

Van Hoof, H. (2013). 'Social Media in Tourism and Hospitality: A Literature Review'. Journal of Travel and Tourism. https://www.academia.edu/14370892/Social_Media_in_Tourism_ and_Hospitality_A_Literature_Review

法则 27

Carver, C. S., Scheier, M. F. and Segerstrom, S. C. (2010). 'Optimism'. Clinical Psychology Review, 30(7), 879-889. https://doi.org/10.1016/

j.cpr.2010.01.006

Cohn, M.A., Fredrickson, B.L., Bown, S.L., Mikels, J.A. and Conway, A.M. (2009). 'Happiness unpacked: Positive emotions increase life satisfaction by building resilience'. Emotion, 9(3), 361–368. https://doi.org/10.1037/a0018895

Davis, D. E., Choe, E., Meyers, J., Wade, N., Varjas, K., Gifford, A. and Worthington, E. L. (2016). 'Thankful for the little things: A metaanalysis of gratitude interventions'. Journal of Counseling Psychology, 63(1), 20–31. https://doi.org/10.1037/cou0000107

Harvey, M. (2019). The Discipline of Entrepreneurship. Bantam Press.

Huta, V. and Waterman, A. S. (2014). 'Eudaimonia and its Distinction from Hedonia: Developing a classification and Terminology for Understanding Conceptual and operational Definitions'. Journal of Happiness Studies, 15, 1425–1456. https://doi.org/10.1007/s10902-013-9485-0

Mastracci, S. H. (2018). Work smart, not hard: Organizational tips and tools that will change your life. Chronos Publications.

Patterson, K., Grenny, J., McMillan, R. and Switzler, A. (2002). Crucial Conversations: Tools for Talking When Stakes are High. McGraw-Hill Education.

Rudd, M., Vohs, K. D. and Aaker, J. (2012). 'Awe Expands People's Perception of Time, Alters Decision Making, and Enhances Well-being'. Psychological Science, 23(10), 1130–1136. https://doi.org/10.1177/0956797612438731

Scheier, M. F. and Carver, C. S. (1985). 'Optimism, coping, and health: Assessment and implications of generalized outcome expectancies'. Health Psychology, 4(3), 219–247. https://doi.org/10.1037/0278-6133.4.3.219

Sinek, S. (2011). Start with Why: How Great Leaders Inspire Everyone to Take Action. Portfolio Penguin.

Tracy, B. (2003). Eat that Frog!: 21 Great Ways to Stop Procrastinating and Get More Done in Less Time. Berrett-Koehler Publishers.

United Nations Department of Economic and Social Affairs, Population Division. (2021). 'World Population Prospects 2019: Data Booklet'. United Nations.

Vanderkam, L. (2018). Off the Clock: Feel Less Busy While Getting More Done. Portfolio Penguin.

World Health Organization. (2021). 'GHE: Life expectancy and healthy life expectancy'. WHO.

法则 28

Branson, R. (2015). The Virgin Way: How to Listen, Learn, Laugh and Lead. Virgin Books.

Etem, J. (2017, August 10). 'Steve Jobs on Hiring Truly Gifted People'[Video file]. YouTube. https://www.youtube.com/watch?v=a7mS9ZdU6k4

Friedman, T. L. (2005). The world is flat: A brief history of the twenty-firstcentury. Farrar, Stra us and Giroux.

The Diary Of A CEO. (2021, November 15). 'Jimmy Carr: The Easiest Way To Live A Happier Life' [Video file]. YouTube. https://www.youtube.com/watch?v=roROKlZhZyo

The Diary Of A CEO. (2022, December 12). 'Richard Branson: How A Dyslexic Drop-out Built A Billion Dollar Empire' [Video file]. YouTube. https://www.youtube.com/watch?v=-Fmiqik4jh0

Virgin Group. (n.d.). 'Our Story'. Virgin. https://www.virgin.com/about-virgin/our-story

法则 29

Collins, J., Portas, J. and Collins, J. (2005). Built to Last: Successful Habits of Visionary Companies. Random House Business.

Higgins, D. M. (2019). 'The psychology of cults: An organizational perspective'. Frontiers in psychology, 10, 1291.

Hogan, T. and Broadbent, C. (2017). The Ultimate Start-up Guide: Marketing Lessons, War Stories, and Hard-Won Advice from Leading Venture Capitalists and Angel Investors. New Page Books.

Levy, S. (2011). In the Plex: How Google Thinks, Works, and Shapes Our Lives. Simon & Schuster.

Pells, R. (2018). Blue sky dreaming: How the Beatles became the architects of business success. Bloomsbury Publishing.

Thiel, P. with Masters, B. (2014). Zero to One: Notes on Startups, or How to Build the Future. Currency.

法则 30

BBC Sport. (2013, May 8). 'Sir Alex Ferguson to retire as Manchester United manager'. https://www.bbc.co.uk/sport/football/22447018

Branson, R. (2015). The Virgin Way: How to Listen, Learn, Laugh and Lead. Virgin Books.

Elberse, A. (2013, October). 'Ferguson's Formula'. Harvard Business Review. https://hbr.org/2013/10/fergusons-formula

Housman, M., and Minor, D. (2015, November). 'Toxic Workers'. Harvard Business School Working Paper, No. 16-057. (Revised November 2015.) https://www.hbs.edu/ris/Publication%20Files/16-057_d45c0b4f-fa19-49de-8f1b-4b12fe054fea.pdf

Hytner, R. (2016, January 18). 'Sir Alex Ferguson on how to win'. London Business School. https://www.london.edu/think/sir-alexferguson-on-how-to-win

Robbins, S. P., Coulter, M. and DeCenzo, D. A. (2016). Fundamentals of Management. Pearson.

法则 31

BBC News. (2015, September 15). 'Viewpoint: Should we all be looking for marginal gains?' BBC News. https://www.bbc.co.uk/news/magazine-34247629

Clear, J. (2020, February 4). 'This Coach Improved Every Tiny Thing by 1 Percent and Here's What Happened'. https://jamesclear.com/marginal-gains

Gawande, A. (2011, September 26). 'Personal best'. New Yorker. https://www.newyorker.com/magazine/2011/10/03/personal-best

Medina, J. C. (2021, July 12). 'How To Make Small Changes For Big Impacts'. Forbes. https://www.forbes.com/sites/financialfinesse/2021/07/12/how-to-make-small-changes-for-big-impacts/?sh=54ead259401b

Mehta, K. (2021, February 23). 'The most mentally tough people apply the 1% "marginal gains" rule, says performance expert—here's how it works'. CNBC.

The Diary Of A CEO. (2022, January 17). 'The "Winning Expert": How To Become The Best You Can Be: Sir David Brailsford' [Video file]. YouTube. https://www.youtube.com/watch?v=nTiqySjdD6s

Tomlin, I. (2021, May 27). 'How A Marginal Gains Approach Can Transform Your Sales Conversations'. Forbes. https://www.forbes.com/ sites/forbescommunicationscouncil/2021/05/27/how-a-marginal-gains-approach-can-transform-your-sales-conversations/?sh=2eb-47c5a2bad

法则 32

Elberse, A. (2013, October). 'Ferguson's Formula'. Harvard Business Review. https://hbr.org/2013/10/fergusons-formula

Evanish, J. (2022). 'Master the Leadership Paradox: Be Consistently Inconsistent'. Lighthouse - Blog About Leadership & Management Advice. https://getlighthouse.com/blog/leadership-paradox-consistentlyinconsistent/

The Diary Of A CEO. (2021, April 12). 'Rio Ferdinand Reveals The Training

Ground & Dressing Room Secrets That Made United Unbeatable'[Video file]. YouTube. https://www.youtube.com/watch?v=CwpSViM8MaY

The Diary Of A CEO. (2021, November 8). 'Patrice Evra: Learning How To Cry Saved My Life'[Video file]. YouTube. https://www.youtube.com/watch?v=UbF4p4yTfIY

The Diary Of A CEO. (2022, August 18). 'Gary Neville: From Football Legend To Building A Business Empire'[Video file]. YouTube.https://www.youtube.com/watch?v=cMCucLELzd0

致　谢

梅拉妮·洛普（Melanie Lopes）

格雷厄姆·巴特利特（Graham Bartlett）

埃丝特·巴特利特（Esther Bartlett）

贾森·巴特利特（Jason Bartlett）

曼迪·巴特利特（Mandi Bartlett）

凯文·巴特利特（Kevin Bartlett）

尤利娅·巴特利特（Julija Bartlett）

亚历山德拉·巴特利特（Alessandra Bartlett）

阿梅利·巴特利特（Amélie Bartlett）

雅各布·巴特利特（Jacob Bartlett）

托马斯·弗雷贝尔（Thomas Frebel）

索菲·查普曼（Sophie Chapman）

迈克尔·詹姆斯（Michael James）

多姆·默里（Dom Murray）

格蕾丝·安德鲁斯（Grace Andrews）

杰克·西尔维斯特（Jack Sylvester）

丹尼·格雷（Danny Gray）

格蕾丝·米勒（Grace Miller）

杰迈玛·卡尔-琼斯（Jemima Carr-Jones）

默加娜·加尔拉帕蒂（Meghana Garlapati）

查尔斯·罗西（Charles Rossy）

谢林·保罗（Shereen Paul）

威廉·林塞-佩雷斯（William Lindsay-Perez）

斯迈利·阿昌庞（Smyly Acheampong）

斯蒂芬妮·莱迪戈（Stephanie Ledigo）

戴蒙·埃勒斯顿（Damon Elleston）

库度斯·阿福拉比（Qudus Afolabi）

奥利弗·扬切夫（Oliver Yonchev）

阿什·琼斯（Ash Jones）

多姆·麦格雷戈（Dom McGregor）

迈克尔·希文（Michael Heaven）

安东尼·洛根（Anthony Logan）

马库斯·希文（Marcus Heaven）

阿德里安·辛顿（Adrian Sington）

埃玛·威廉姆斯（Emma Williams）

杰迈玛·埃里丝（Jemima Erith）

伯塔·洛扎诺（Berta Lozano）

奥利维娅·波德默尔（Olivia Podmore）

乔希·温特（Josh Winter）

安东尼·史密斯（Anthony Smith）

哈里·鲍尔登（Harry Balden）

罗斯·菲尔德（Ross Field）

霍利·海斯（Holly Hayes）

维基·亨迪（Vyki Hendy）

理查德·伦农（Richard Lennon）

汉纳·考斯（Hannah Cawse）

卡门·拜尔斯（Carmen Byers）

希瑟·福勒斯（Heather Faulls）

阿曼达·兰（Amanda Lang）

玛丽·凯特·罗格斯（Mary Kate Rogers）

杰茜卡·雷吉欧尼（Jessica Regione）

拉德哈纳·斯瓦米（Radhanath Swami）

塔利·沙罗特（Tali Sharot）

朱利安·特雷热（Julian Treasure）

汉娜·安德森（Hannah Anderson）

德拉蒙德·莫伊尔（Drummond Moir）

杰茜卡·安德森（Jessica Anderson）

杰茜卡·帕特尔（Jessica Patel）

劳拉·尼科尔（Laura Nicol）

莉迪娅·亚迪（Lydia Yadi）

阿比·沃森（Abby Watson）

乔尔·里基特（Joel Rickett）

瓦妮莎·米尔顿（Vanessa Milton）

沙斯明·莫佐米尔（Shasmin Mozomil）

罗里·萨瑟兰（Rory Sutherland）

小克里斯·尤班克（Chris Eubank Jr.）

约翰·哈里（Johann Hari）

丹尼尔·平克（Daniel Pink）

尼尔·埃亚尔（Nir Eyal）

加里·布雷卡（Gary Brecka）

理查德·布兰森爵士（Sir Richard Branson）

吉米·卡尔（Jimmy Carr）

里奥·费迪南德（Rio Ferdinand）

芭芭拉·科科伦（Barbara Corcoran）

帕特里斯·埃弗拉（Patrice Evra）

加里·内维尔（Gary Neville）